問題解決は
発見の連続

FPAで身につける
AIに負けない
発見力

吉村達彦［著］

日科技連

はじめに

本書のタイトルを見て、今さらなぜ問題解決なのか、疑問に思った方は多いでしょう。企業内、企業間で品質問題を解決するという仕事は、誰でも、普通に行っている基本的な仕事で、製造業の技術者/技能者であれば誰でも同じように問題を解決して、報告しています。上司もそこには何も問題はないと思っています。そんなことに今さら時間をとりたくはない、と思っている方は多いでしょう。

しかし、本書を読んでいただくと、そこに大きな問題が潜んでいることをご理解いただけると思います。

例えば、工程で起きた小さな問題の解決から、世間に知れ渡った大きな事故の調査や、裁判の判決のような重大な決定まで、結論(原因や対策)を先に決めて、後はそれが正しいという説明をするのが最も効率的で正しい手法だと考えられていないでしょうか。

効率は、インプット(例えばかけた費用)とアウトプット(成果として得た利得)の比で表されますが、多くの場合、アウトプットはどんなやり方でも変わりがない、とインプットだけの大小で考えられます。そうすると速さが第一になってしまいます。例えば AI は人が関与することなく答えを出してくれるのではないかと期待している人もいるでしょう。AI の基本は大量のデータとその統計処理ですから、そのすべてのプロセスを自動的に(人が関与することなく)行うことができるので、効率的なのです。おそらく、当座の問題を解消できる答えを出すだけの目的なら、将来は AI で十分ということになるかもしれません。

では、「今さらなぜ問題解決」なのでしょうか？　それは、人が将来とも必要になる基本的能力である「発見力」(1)を高めるためなのです。人がもつ AI

に負けない能力は、人の創造力から生まれる発見力です。本書では、それを問題解決という場でも発揮するための手法を提案し、問題を克服する手法を提示しています。

本書で説明するFPA（Failure Phenomena Analysis：故障現象過程解析）という手法は、筆者がトヨタ自動車の信頼性実験部署・シャシー設計部署で仕事をしていたころからずっと温めていた手法ですが、実際に形にしようと思ったのは、米国の自動車会社（ゼネラルモーターズ）で働くようになってからです。FPAという名前も、最初筆者はFailure Process Analysisと言っていたのですが、同僚が「Failure Phenomena Analysisと言ったほうが英語としてしっくりくる」と教えてくれたものです。ProcessもPhenomenaも、この手法を考えるときに大変大事なキーワードになりますが、英語としてしっくりするということでPhenomenaを使うことにしました。

本書は全6章で構成されています

第1章　問題解決の現状

ここでは、現状の問題解決の問題点を整理しています。すでに現状に問題を感じている方は読み飛ばしていただいて結構ですが、改めて頭を整理するために読んでみてください。

第2章　GD^3問題解決とFPA

ここでは、未然防止の手法として開発したGD^3の考え方をいかにして問題解決に展開するか、そこでFPAがどのように用いられるかを概説します。

第3章　FPAの基本

ここでは、FPAの基本的考え方、FTAとの違いなどを説明します。

第4章　FPAの実施方法

ここでは、FPAの作成方法を事例を交えて詳細に説明します。

第5章　FPAの使い方

ここでは、問題解決の各プロセスでのFPAの使い方を説明します。

第6章　創造的未然防止とレジリエンスエンジニアリング

ここでは、FPAの背景になる「未然防止」の最近の進展と、レジリエンスエンジニアリングについて概説し、FPAの基本となる「事実から学ぶ」ことの必要性を説明します。

2023年3月

吉村　達彦

FPAで身につける　AIに負けない発見力

目　次

目　次

カバーデザイン　吉村靖隆
文中イラスト　吉村達彦

第 1 章

問題解決の現状

1.1 サプライチェーンと企業の立ち位置

私たちは図 1.1 のようなサプライチェーンを作って製品を開発・製造し、お客様に提供しています。これらのサプライチェーンを、お客様からの距離によって A 型、M 型、Z 型ビジネスと呼んでその特徴を考えます。なお、A/M/Z 型は実際に製品を使ってくださるお客様からの距離をアルファベットで考え、一番近い会社を A 型、一番遠い会社を Z 型、中間の会社を M 型と表したものです。本章では主に M 型のビジネスでの問題解決について考えていきますが、A 型、Z 型でも応用できるところは多いと思います。

M 型のビジネスでは、1 階層お客様に近い A 型、または同じ M 型の会社(客先)から、要求仕様(目標値)を与えられて、それに見合った製品を開発/製造し、客先に提供しています。客先の要求を満たすことがビジネス成立の大切

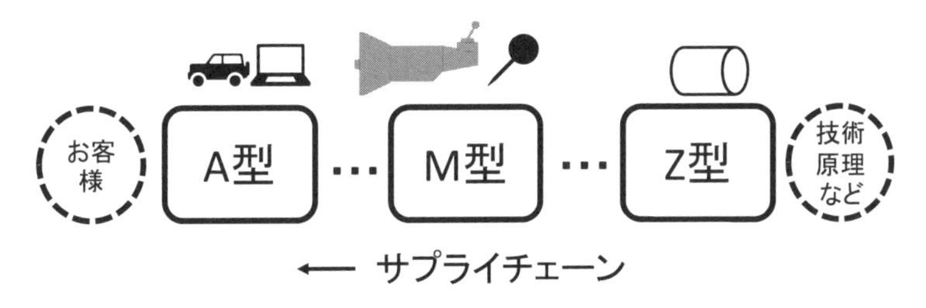

図 1.1　ビジネスの立ち位置を 3 つに分けて考える

な要件ですから、この客先をお客様と呼んで、「弊社はお客様第一を社是としています」と言って憚らないトップもいます。しかし、客先からの要求仕様を第一に考えて、それを完全に満たした製品が、実際にその製品を使ってくださるお客様の期待を満足しているかというと、必ずしもそうはならないのです。私たちの製品を使ってくださる「お客様」と「客先」は違うということを、特にＭ型の会社は意識していなければなりません。本書もこのお客様と客先をしっかり区分する視点から考えていきます。

市場（お客様のところ）で発生した問題の解決では、Ｍ型のビジネスの場合、客先であるＡ型またはＭ型の会社からの、「問題が発生したから解決してほしい」という要請を受けて問題解決を始めるのが慣例になっています。このとき、Ｍ型の会社はどのように振る舞っているでしょうか。

かつて、筆者がＡ型の会社（自動車会社）に所属してＭ型の会社と問題解決をしようとしたとき、以下に示すＸ・Ｙ社の２つのタイプがあったと思います。

Ｘ社に市場で問題が起きたと伝えると、すぐに「それはお客様の使い方が原因で、それを要求仕様に反映させなかった自動車会社の責任だ」と言ってきました。その際、主張においては結構論理的に説明がされるものもありました。

一方、Ｙ社は「ご指示に従って、言われたとおりに問題解決をします」と言って、「どうしたらいいでしょうか？」と指示待ちに入りました。

当時の筆者は、協力姿勢を示さずに喧嘩腰で自分の責任を回避しようとするＸ社はとんでもない会社だ、と思っていましたが、今考えると、結構こちらが気づいていないところを突いてきたりと、勉強になったと思います。そして、こういう会社を説得するにはどうすればよいかを学び、それがFPAの開発につながりもしました。

一方Ｙ社は、対立せずに協力してくれるので気持ちがよいのですが、よく知らないＹ社の内部のこともこちらで考えてリードしなければならないし、結果問題解決がうまくいかなくても、Ｙ社は「弊社は御社のご指示どおりに問題解決にあたりました」ということで、問題解決の責任を回避しようとするのです。

なお、どちらの会社もその問題でビジネスがなくなるような関係ではなかったので、こんなことができるというところはあるでしょう。A 型の会社と M 型の会社が協力して問題解決を行わなければならない場で、このような関係は多かれ少なかれ存在し、それをいかに克服していくかが大切な鍵になります。

しかし、上記のようにこの問題が起きてもビジネスを継続できるという関係は必ずしも多くはなく、問題を指摘された会社はまず事業やそのプロジェクトの継続に影響するかどうかを考えるでしょう。その後に、事業などの継続に影響しないと判断すれば、この問題が自社の責任かどうかを考えるでしょう。その際の判断基準は、「その問題を起こさないこと」が要求仕様に明記されていたかどうかです。多くの場合、厳密には明記されていなかったといえるところで、問題が起きます。まずそのことに着目し、自社の責任ではないと考えるでしょう。そして、現在製造している製品が、要求仕様を満足していることを試験などで証明して、自社の責任ではないことを主張するでしょう。

このようなことをやっている間、その製品を使っている本当のお客様(達)は待たされることになりますから、ムダな行為だということになります。結局は会社間の(力)関係や「その問題を解決するには、自社が行うしかない」という事情を勘案して、渋々問題解決を始めることになります。また、このようなプロセスがあってもなくても、実際には自社で(こっそり？)問題解決を進めています。

次節の事例で考えてみましょう。なお、本書で示す事例は、あくまでもいくつかの実際のケースを参考に筆者が構成したもので、ある特定の会社の特定の事例ではありません。

1.2 M型会社の典型的問題解決報告書

1.2.1 事例1　リード端子のメッキ剥がれ

「サプライヤーのα社が、客先β社から『チップのリード端子のメッキが一部剥がれている』という連絡を受け、現品が返却された」という事例を考えてみましょう。

受け取ったα社の専門家は、問題が1件だけだったことから、作業者の正しくない作業が原因だと考えました。作業履歴を見ると、そのころメッキ工程でアラームが鳴って、その対応を作業者が行った履歴があったので、原因はそれだと考えました。

そして、レポートは以下のようにまとめました。

(1) 現品調査結果1：外観観察結果

外観観察結果(図1.2)と言っていますが、特に観察結果を書いているわけではありません。故障現品の写真を入れた、というだけです。どこのメッキは剥がれているかは明確なので、良品との比較は入れていません。あの問題だということがわかればよいと思っています。ただ、これだけでは流石に調査したとはいえないので……。

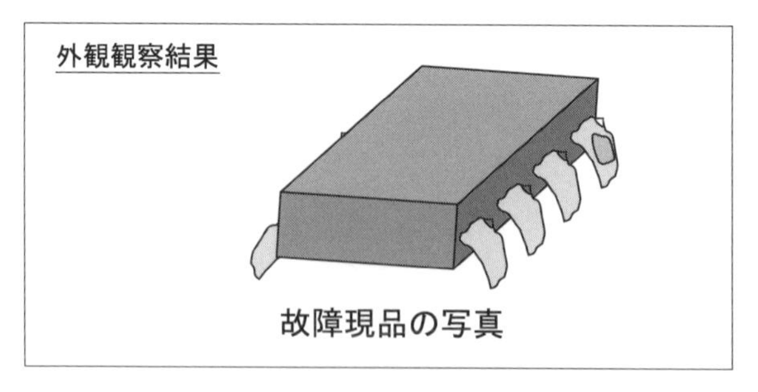

図1.2　現品解析結果

(2)　現品調査結果２：現品解析結果

現品解析結果を追加しました(**図 1.3**)。メッキが剥がれた部位とそのリードでメッキが剥がれていない部位の材料分析を行いました。担当者は差があることを期待したのですが、差がないという結果になりました、それでもこれを載せないと調査結果が何もないので、ストーリーに関係がないのですが、載せることにしました。

(3)　再現試験と結果

メッキの剥がれ問題なので、メッキ工程以前に原因があると考えて、以下に示す３つの原因を想定し、再現試験を実施しました(**図 1.4**)。工程は、…→エッチング工程→洗浄工程→メッキ工程→…の順に進行します。

①　エッチング工程以前にトレイにオイルが付着し、洗浄工程でオイルが取りきれなかった。

②　メッキ工程で、トレイにオイルが付着した。

③　メッキ工程で、直接製品にオイルが付着した。

の３つです。①、②はトレイにオイルが付着したという想定ですが、③は直接製品にオイルが付着したという想定です。そして、③だけでメッキ剥がれが再

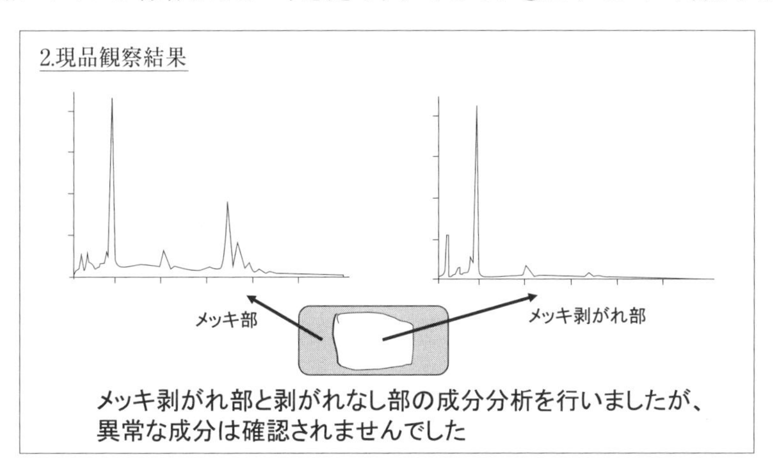

図 1.3　現品解析結果２

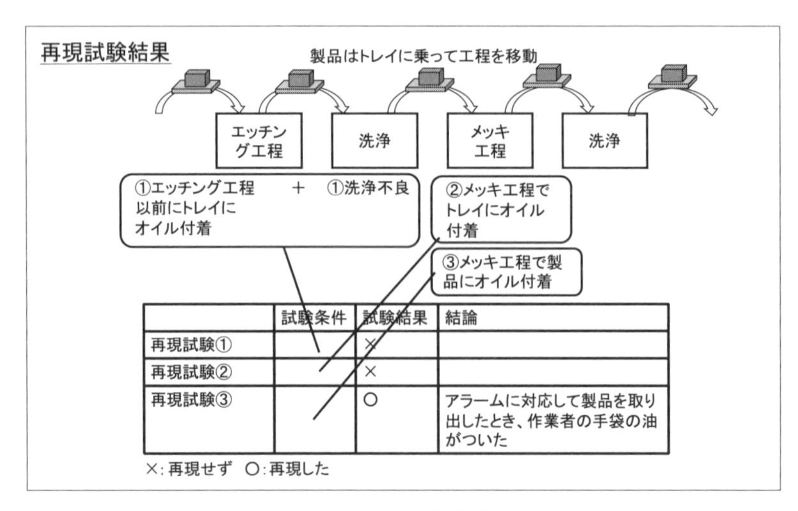

	試験条件	試験結果	結論
再現試験①		×	
再現試験②		×	
再現試験③		○	アラームに対応して製品を取り出したとき、作業者の手袋の油がついた

図 1.4　再現試験結果

現したのです。これは、アラームが鳴って、その対応時に、作業者が直接製品をオイルの付着した手袋で触った、という結論に結びつけるのに好都合だったのかもしれません。

(4)　要因分析結果

再現試験の結論をFTA(要因分析)の形で整理して示しました(**図 1.5**)。これで、いろいろ分析した結果、原因はこれだ、ということをわかりやすく示すことができました。

(5)　不具合発生メカニズム

アラーム対応で、オイルが付着したプロセスを“メカニズム”として示しました(**図 1.6**)。このレポートで報告を受けた人は、原因はこれしかない、と納得させます。

(6)　原因と対策

発生原因と流出原因に分けて、対策を示しました(**表 1.1**)。発生原因だけで

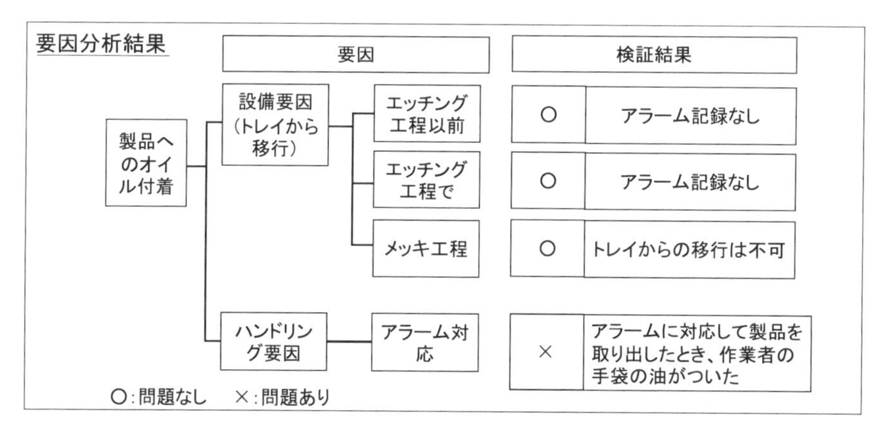

図 1.5　要因分析結果

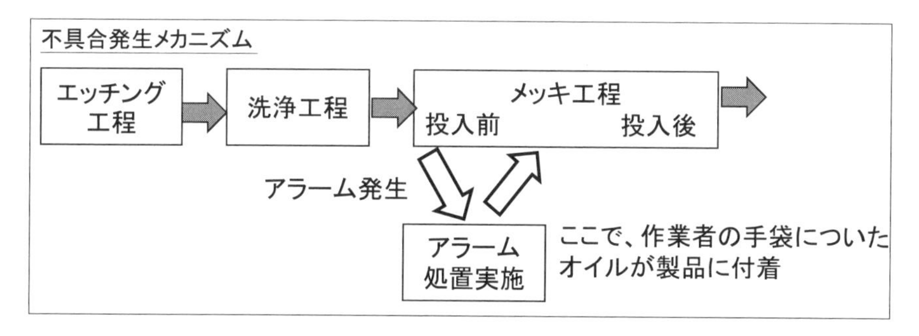

図 1.6　不具合発生メカニズム

表 1.1　原因と対策

原因と対策

	原因	対策
発生原因	アラームに対応して製品を取り出したとき、作業者の手袋の油がついた	アラーム対応時、手袋の使用禁止
流出原因	抜取検査だった	全数検査実施

なく流出原因もちゃんと示すことが大切なポイントになるでしょう。(1)〜(6)の報告では、流出原因については何も示していませんが、当然これだということ

で、納得してしまいます。再発防止策は出されていないのですが、報告された側は「まあ問題がなくなればよいか……」と思って受け容れてしまいます。

これが、この問題の報告書のすべてです。これで一件落着になるのが、一般的な問題解決報告です。読者の皆さんは、この事例のどこかに違和感を感じませんか？

この事例は、筆者が見聞きした多くのものから寄せ集めて作ったものですが、逆にいうと、多くの事例がこれに当てはまるような報告書を作って完了、としているということです。

1.2.2　事例1の周辺を考える

もしこの事例1の問題が、β社の客先工程後に発見されたとすると、β社は自社工程の不具合も考慮しなければならないので、どこに責任があるかを明確にしたいと考えます。β社が最初にやることは、FTA(Failure Tree Analysis：故障の木解析)を使って、関連工程のどこに責任があったかを示そうとします。ハンダそのもの、ハンダ接合工程、などとリード端子メッキ工程を書き出します(**図1.7**)。FTAがもつミーシー(関連する要素をすべて記載する)という要件が役に立つわけです。FTAで書き出した要素には、設計・製造の要件が紐づいていますから、β社はそれらをチェックしたり、チェックするようにサプライヤーであるα社に指示します。

このとき、α社から「弊社の工程は問題ありません」という答えが返ってくると、これはムダな時間を費やしているといえます。なぜなら、それらの条件

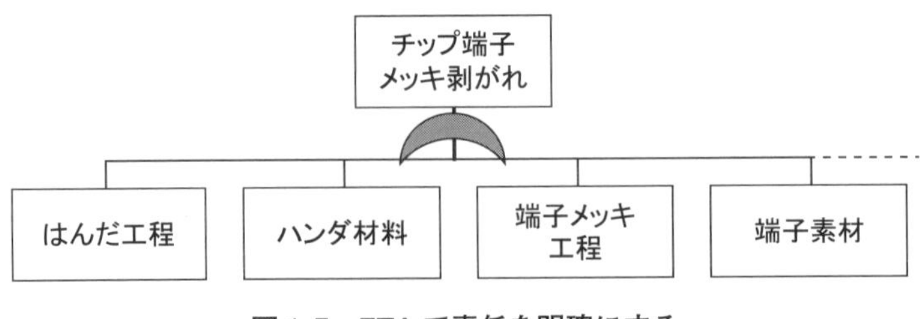

図1.7　FTAで責任を明確にする

は、設計の際満足していることを確認しているし、工程でも満足しているはずのものですから、基本的に「問題はない」という答えになるはずなのです。そこには表されていなかったところで問題が起きている可能性が高く、α 社・β 社ともそこに時間と手間をかけてほしいのです。

この事例では、客先工程で使用前にメッキの剥がれが発見されたと考えました。このとき、α 社にとっての弁解の余地が少ないということになりますが、出荷後から客先工程前までの取り扱いに問題があったと主張できないわけではありません。実際には、ここは将来のビジネスを考えて、踏み込まない会社も多いでしょう。

また、もう１つ別の観点も考えられます。「β 社からの仕様書には、端子のメッキが剥がれてはならないという要求項目はなかった。剥がれがあってはいけないという要件が必要なら、それを明示してくれれば、設計/工程を改善して、剥がれが起きないように改善してあげますが…」、「多少剥がれがあっても性能には問題ないので、これは問題ではないです」と α 社が主張することです。この主張は通常は考えられないような主張ですが、Z 型会社との間ではこのようなことがよく起こります。Z 型会社の客先は、カタログ(規格値など)で購入している場合が多いので、よほどのことがなければ、Z 型会社に「要求を満たしていない」とはいえないのです。当然、Z 型会社は「必要なら改善してあげる」という姿勢になります。

ここで喧々諤々の交渉をやって時間を浪費することになりますが、結局は会社の力関係であったり、メッキを直そうとすれば α 社しかできないという事実から、α 社は渋々自社の工程調査に入ります。

渋々ですが、このときにはもう「どうやったら対策ができるか」、α 社の担当者は知っているのです。事実の解析も、原因の解析もいらないのです。いくつか思いついた対策案の中から一番被害が少なくできる案を選べばいいだけなのです。

通常このような問題解決は品質か製造担当の部署が行います。そこにはこの種の問題解決を何件か行った経験のある「ベテラン(専門家)」がいて、さっさと問題を「解決」してみせます。それが対策Aだとすると、対策Aを試験してみて、効果があればそれで「決定」です。それをα社がβ社に報告したのが事例1の報告書です。β社は問題がなくなればよいので、これで一件落着です。再発防止も、振り返りもいらないのです。もしβ社がしつこくて、再発防止を指示されたら、**図1.8**のように標準を作るか、教育をするといえばそれでOKです。簡単なことです。

この問題解決の進め方で最大の問題は、「専門家は、問題についてどうやったら対策できるかをよく知っている」という思い込みです。思い込みとは、専門家自身の決め打ちであり、また周囲の人による期待です。この思い込みに頼るのが最も効率的な問題解決だ、と自身も周囲も確信しているのです。これが、対策を間違ったり、対策効果が上がらなかったり、あるいは、一応対策はできてもまたすぐ同様の問題が起きたりする原因なのです。これらのことについてはホンダ3代目社長の久米是志氏が、著作『「ひらめき」の設計図』(2)で、以下のように述べています。

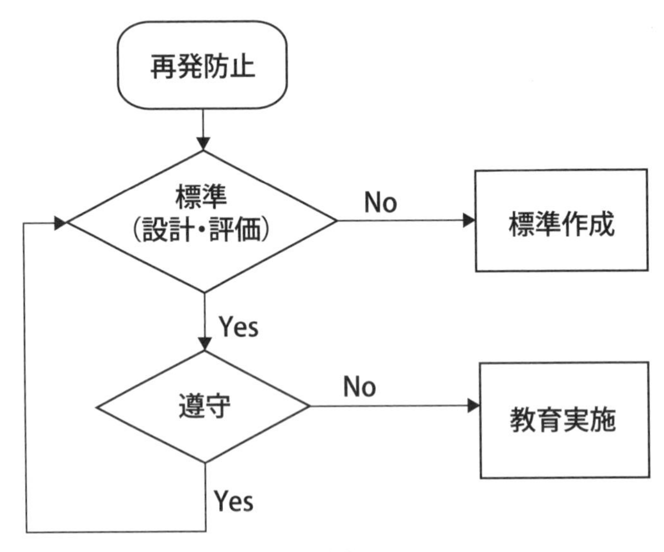

図1.8 再発防止はこれでOK?

「不具合現象の原因解明と対策には、現象を生起した部分についての専門的知識を備えている人がことにあたるのが普通でありまた必要なことです。(中略)ところが経験を積んだ熟練技術者にこの仕事を任せると、対策が的外れなものであったり、対策した後の製品から再び同じ不具合現象が生起するという苦い結果をもたらすことが往々にして起こるのです。(中略)ベテランは自分の豊富な経験と獲得した知識をもとに「確実なもの」と信じ込んでいる論理から出発して原因を指定しがちなのです。(中略)不具合現象の解明にはこれがつまずきのもとになるようです。」

それでも、私たちは専門家やベテランに問題解決を任せて原因を決め打ちして対策を行っているのです。そのような会社にとって一番大切なことは、客先が納得してくれるようなレポートを書くことです。そこで、そのレポートの書き方を標準化します。また、標準化とまでいわなくても、社内の QC 活動などでしっかり訓練されるのです。

事例 1 の報告書が QC ストーリーに基づいていることは明白です。

1.3 QC ストーリー

1.3.1 QC ストーリーと事例 1 の比較

QC ストーリーに照らして、事例 1 を見てみましょう。QC ストーリー(問題解決型)には以下の 1 ～ 9 の項目が示されています。

(1) テーマ設定

事例 1 では、報告書のタイトルに相当するでしょう。

(2) 取り上げた理由

通常の問題解決報告書では客先や市場で何が起きたかを簡潔に書くでしょう(事例 1 の報告では、特に書かれていませんが、お互いに了解しているのかもしれません)。

⑶　現状の把握

事例１では、⑴外観観察結果に相当します。

⑷　目標の設定

事例１のような通常の問題解決の報告では、目標は「客先の問題解消」ですから、設定するまでもありません。

⑸　原因の分析

事例１では、⑵現品解析結果から、⑶再現試験と結果、⑷要因分析結果がこれに相当します。

⑹　対策の立案/実施

事例１では、⑹原因と対策がこれに相当します。

⑺　効果の確認

事例１の問題解決の報告の場合、対策の結果、問題は解消したのだから、効果の確認をするまでもありません。

⑻　歯止め/標準化

事例１の問題解決の報告では、客先から要求されていないので実施しません。

⑼　残された問題と今後の進め方

事例１のような問題解決の報告では、このようなことを客先に報告することはありません。

ここで注目していただきたいのは、「現状の把握」が「目標の設定」の前にあることです。この表記では現状把握は以降のストーリーすべてに関係すると考えられますが、最近では「現状把握と目標の設定」のように、現状把握はあたかも目標の設定のための現状把握のように位置づけられています。あるいは、多くの人がそのように考えています。つまり、QCストーリーに従って問題を解決して報告をするという中で、現状把握は目標を決めるプロセスで、客先に報告する問題解決の目標は「問題の解消」ですから、目標設定のための現状把握を丁寧に行う必要はないということになるのです。

つまり、多くの問題解決の現場で、現状把握は現場の説明ぐらいの意味で、問題解決の主要な要件とは思われていないといえます。

1.3.2　QCストーリーは報告(発表)のためのものか？

もともとQCストーリーは、日ごろ問題解決を自身の主要な業務としていない現場の人たちが、自主的に職場の問題を解決するために、チームでどのように考え、どのように問題を解析していくかを示した方法でした。ところが、QCストーリー自体やQC発表会が強調されるようになった結果、解析するためのプロセスではなく、結果を理解してもらうために「説明するためのストーリー」になってしまいました。つまり、結論はわかっていて、それを伝えるための都合のよい順序だと皆が考えているのです。そして、問題解決を主要な業務としているスタッフたちも、この順序で問題解決の結果を報告するとわかりやすいということで、そこでも珍重されているわけです。

もちろん、解析した内容を逐一説明されても、客先が困るでしょう。結果をわかりやすく説明してほしいと思っているでしょうから、報告としてはこれでよいのかもしれません。しかし、現状のQCストーリーで、「ではどのように解析したのですか？」と聞かれると「再現試験で再現しました」ぐらいしか、説明できないことが多いのです。結局はプロ(？)の勘で対策を決め打ちして、あとは、説明のために(都合よく)報告を書いているだけなのです。

しかも、その中で現状把握は、目標設定のために数値化をするためのプロセスで、目標設定の必要がない問題解決では、ほとんど必要のないプロセスになっています。それでいいのでしょうか、と問われれば、誰もが「そんなことはない」というでしょうが、現実はそうなっているのです。

事例1でいうと、現品の問題部位の写真を撮っただけでは現状を把握できたことにはならないでしょう。もちろん客先に報告するだけならこれでよいかもしれませんが、これでは現状が把握できたことにはなりません。では「現状把握はどうやってやるのですか？」と聞かれたら、このレポートを作った担当者はどのように答えるでしょうか。あるいは「現状把握の結果をどうやって、チームで共有するのですか？」と聞かれたら、その方法を答えられますか？事例１の報告書にある現品調査結果がそれですか？　メッキが剥がれた部分と剥がれていない部分で成分に材料成分に差はないという結果ですから、その後の油が付着したという結論には直接は結びつかないのです。現品調査はそれしかやっていないのですか？　報告書の「現品調査」がその答えでそれが結論に結びついていくとは、とてもいえないでしょう。

1.4 再現試験に頼りすぎている

事例１で、原因を特定した決め手は、再現試験だったといってもよいでしょう。問題解決をするとき、現地に出向いて現物を観察することはできないとかやりにくいとき、あるいは、時間が経って、問題が起きている状況がなくなっている(再現できなくなっている)ようなとき、再現試験で、その状況を再現させて原因を特定するというアイディアが頭に浮かびます。

しかし、多くの人がやっている再現試験は、ある条件を設定したとき予定通りのことが起きるかどうか試験する方法であり、試験結果は決して原因を発見しているわけではないのです。例えば事例１でも「リードに直接油をつけたら剥がれが発生した」というだけで、「何が」または「誰が」油をつけたのか、作業者であれば「どのようにリードを触って油をつけたか」という、何が起こったかという事実は一切示していないのです。そこで起きた事実より、「油をつければ剥がれが再現する」という結果(因果関係)のほうが大切だと考えられているのです。

このように、現在の問題解決では、この「再現試験(因果関係の証明)」が過剰に期待され、使われているように思います。つまり、現状把握(事実の把握)

を十分に行わず、「そこに見えている結果を再現させれば問題が解決する」ということだけが早く示されればよい、という「期待」によって生まれた間違いなのです。以下に示す事例2で考えていきます。

1.4.1　事例2　次に来る数字は何か

(1)　概要

「現状把握の結果、2と4に不具合があるということがわかったが、それ以降は何が不具合になるかわからない」という例を考えてみましょう。専門家は、当然「次は6、その次は8となる」と考え、再現試験を行います。その結果、確かに2、4、6、8という数列で問題が再現しました。これで「再現試験の結果2、4、6、8という偶数の数列が問題の原因とわかりました。」という結論を出します(図1.9)。

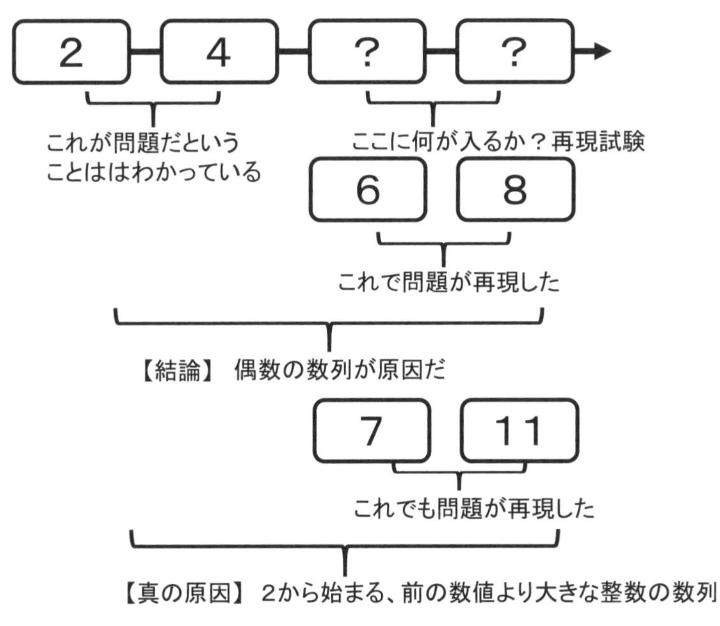

図1.9　再現試験は原因を特定しているわけではない

⑵　事例２の問題点

この事例の問題点を考えていきます。

誰かが７とか 11 を入れて再現試験を行ったら、それでも再現しました。つまり「原因は前の数値より大きい整数の数値」だったかもしれません。再現試験を行った２、４、６、８、は問題の一つを表しているかもしれませんが、問題のすべて(原因)ではなく、再現試験で問題が再現したからといって、それが原因だとはいえないのです。

つまり、ここで再現試験を行った理由は、原因は「２から始まる偶数の数列」だ、とすでに考えていて、それを試験で再現させるためと信じているのです。いいかえれば、問題解決は原因を決め打ちして、それを再現させればよい、と考えているのです。

⑶　事例１の問題点

事例１ではこの再現試験を３種類やっています。その意味では事例２よりも慎重に再現試験をやって原因を発見しているように見えます。しかし、事例１の再現試験では「メッキ工程でリードに直接油がついたらメッキ剥がれが起きる」ということを示しているだけです。他の工程の試験ではトレイに油をつけているので、直接リードに油がついたらどうなるかとか、メッキ工程で作業者がアラーム対応作業を行ったという記録と再現試験の内容があっているかどうかはわからないのです。しかし「直接油をつけると再現した。アラーム対応作業があった」ということで、それが原因だと決め打ちしているのです。

もう一つ、再現試験の大切な目的があります。それは対策案が正しいということを証明することです。決め打ちした原因を裏返しした対策を施し、同じ再現試験を行って問題が起きなければ、対策が正しいという証明になるのです。

もしかしたら、逆のこともあるでしょう。どうやったら問題を防げるか(対策)を先に考えて、それを裏返してそれが原因だといって、対策では問題が起きず、原因の状況では再現するような試験を考えて、再現試験で対策が正しいことを証明するかもしれません。「とにかく再現した」という事実に相手は弱いので、これを行うのが問題解決の決め手だと考えられているのです。

しかし、世の中で１件とか１％以下しか起きない現象を、どうやって再現するのでしょうか？　再現といっているのは問題の再現であって、市場あるいは工場での状況を再現したわけではないのです。それでも試験をやって、無理にでも問題が再現すれば、その結果を原因として客先に受け入れてもらおうという考えなのです。なぜ１％以下しか起きないのか、などというのは、客先にとってはどうでもよいことと考えられているのでしょう。客先(β社)は問題が起きなくなればよく、自社(α社)は客先に受け入れてもらえればそれでよいという考え方なのです。

原因を特定して、対策を実施する。これがQCストーリーの「原因分析」、「対策の立案」に相当しますが、事例１で述べた原因の決め打ちでは、対策は決まっているのですから「原因分析」は後付けでよいことになってしまい、「それしか原因はない」というような説明をしてしまいます。その際、FTAは非常に都合のよい手法になります。「すべて漏れなく解析した結果、これしか問題はありません」という説明ができてしまうのです(図1.5)。

「効果の確認」は、とりあえずは再現試験の中で問題品と対策品を比較して、「効果がある」ことを示します。その後市場でどのように効果が発揮されたかの確認は当然必要ですが、急いで客先に報告しているので「後日、確実に確認する」、または「当然、客先が確認してくれる」でよいでしょう。

1.5　このような問題解決の中にも１つだけ大切な視点がある

問題が起きたら→どうやったら対策できるかを考える→再現試験を行う→対策品の試験を行う。これで問題解決は完了。あとはQCストーリーに沿って報告書を作り、客先に対策の説明をして受け容れてもらう。これが、現在数多く見られる「誤った」問題解決プロセスなのです。「決め手」は、再現試験と後付けのQCストーリーです。結果がよければそれでよいではないか、という人もいるでしょう。しかし、この問題解決プロセスが蔓延した結果、とりあえずの問題は解消したように見えますが、また同じような問題が起きるということを繰り返し、いつまで経っても問題が解消しない、という状況になっているのです。

あるいは再発防止をやっても、標準に記入するとか教育をするとか、前述の図1.8のような対策を講じますが、実際には何も変わらないという状況に陥っていないでしょうか。そもそも、「今起きている問題は、ちょっとしたヒューマンエラーなどのその問題独自の事情で起きているので、再発防止などで「失敗から学ぶ」ような性質のものではないのだ」という人もいるでしょう。

もちろん、ここまで示した「今の問題解決プロセス」には、「間違いがたくさんある」といえますが、その中に、筆者はこのような問題解決でも必ず存在し、QCストーリーの中にない、一つの観点を発見しました。それが「不具合発生のメカニズム」です。

つまり、客先に問題の原因を理解してもらうためには、QCストーリーだけでは不十分で、この「不具合発生のメカニズム」を説明することにより、対策の進め方も対策の内容も理解される、ということではないでしょうか。客先も後付けのFTAなどより、不具合発生のメカニズムに注目して、問題を理解しようとしているのです。事例1ではこの不具合発生のメカニズム(作業者の作業内容)と再現試験方法が、決して合っているとはいえないのに、客先はそれを見逃し、示されたメカニズムを納得して受け入れているのではないでしょうか。

そこから、不具合発生のメカニズムを最初に想定し、それを修正しながら真の不具合発生のメカニズムに到達するのが問題解決プロセスだと筆者は考えました。それを形にしたのが本書の主題であるFPA(Failure Phenomena Analysis：故障現象過程解析)なのです。

1.6 現状の問題解決の問題点まとめ

事例1は筆者が作った架空の事例で「そんなことは我が社ではやっていな

い」とか、「対応を急がされた場合にはこんなこともあるが、重要な問題では、決してこのような対応はしていない」というトップが多いでしょう。「御社の問題解決はちゃんとできていますか？」と聞くと、胸を張って「ちゃんと客先に対して迅速に行っています」という答えが返ってきます。

筆者の経験でも、未然防止の教育をやっていて、レビューアーのモノ(例えば図面)の見方が大雑把で、この会社では、どうも問題解決でモノを見るということが正しくできていないのではないかと思う会社がたくさんあります。そんなときは、「問題解決の教育をやってみませんか」と提案してみるのですが、大概は「いや、弊社の問題解決は問題なくちゃんとできています」という答えが返ってきます。未然防止ができたら問題解決はいらなくなるという期待か、客先から問題を起こしたことは責められるが、問題解決のプロセスについてはとやかく言われていないということでしょうか？

しかし、未然防止ができない根本の原因は、問題解決/再発防止ができていない、その原因は現状把握がしっかりできていないということにならないでしょうか？　久米是志氏の言葉のように、「心を真っ白にして事実に向き合う」[2]ことにより現状(事実)をしっかり把握することができれば、問題のメカニズムを解明につなげることができます。そして、徹底的に現状把握を中心にした問題解決プロセスを身につけていただき、さらにそれを品質問題の未然防止にまでつなげていただこう、というのが本書の目的です。

第 2 章

GD³問題解決とFPA

2.1 GD³とは

2.1.1 未然防止のモデルとカップの視点

FPA の説明に入る前に、その背景になる(創造的)未然防止とそのキーワードである GD³(ジーディーキューブ)について簡単に説明しておきます。

筆者はカップのモデルを用いて、いろいろな視点の未然防止について説明しています。**図 2.1** のカップは「お客様の期待」を表しています。つまり、このカップを満たすことが、私たちがお客様に提供する製品がめざすべき状態と考

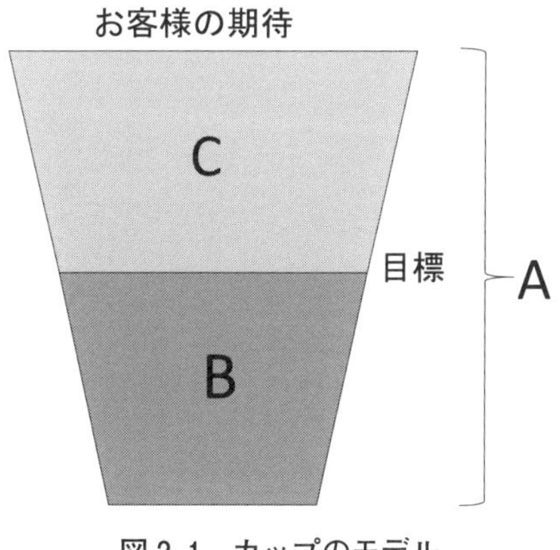

図 2.1 カップのモデル

えます。

例えばM型会社の場合、客先から与えられる目標値はこのカップのB(**図2.2**)のところであり、決してカップの「お客様の期待」Aを超えているわけではありません。つまり、この「お客様の期待」と与えられた目標のギャップCのところで市場問題が発生すると考えます(**図2.3**)。ここは、与えられた目標の中ではなく、自分たちが気づいていないところですから、このギャップにある問題に(創造的に)気づいて発見し、そこの問題に未然に対処するのが創造的未然防止であり、そこで市場で問題が発生した場合、それに対処するのが問題解決だと考えます。

しかし多くの人は、与えられた目標は当然お客様の期待を超えており、市場や客先で起きる問題は、与えられた目標の小さな穴(ちょっとしたエラーなど)で起きている、と考えています(**図2.4**)。したがって、この穴だけを個別に埋めてやれば、自分達の製品は客先に与えられた目標を満たしており、それはお客様の期待を十分満たしていると考えます。その小さ穴から、自分達が学ぶべきことはほとんどなく、再発防止もいらないと考えているのです。

しかし、たまに大きな問題が起きたときにはしっかり再発防止をしているの

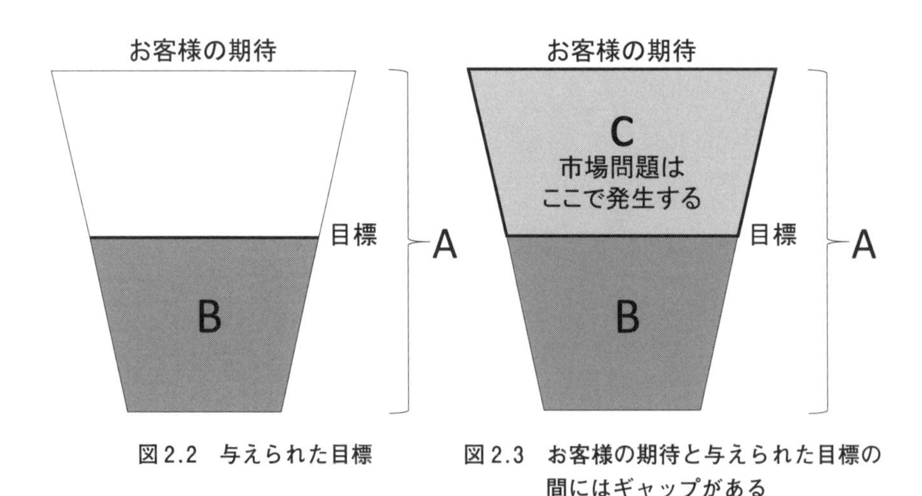

図2.2　与えられた目標

図2.3　お客様の期待と与えられた目標の間にはギャップがある

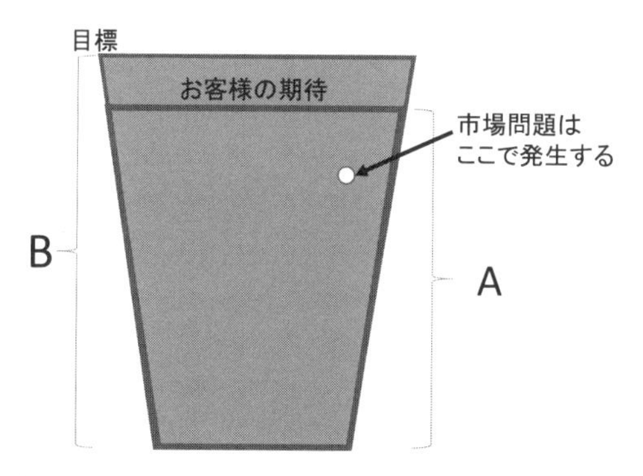

図 2.4 与えられた目標 B はお客様の期待 A を超えており、市場問題は与えられた目標の中の小さなミスで起きる

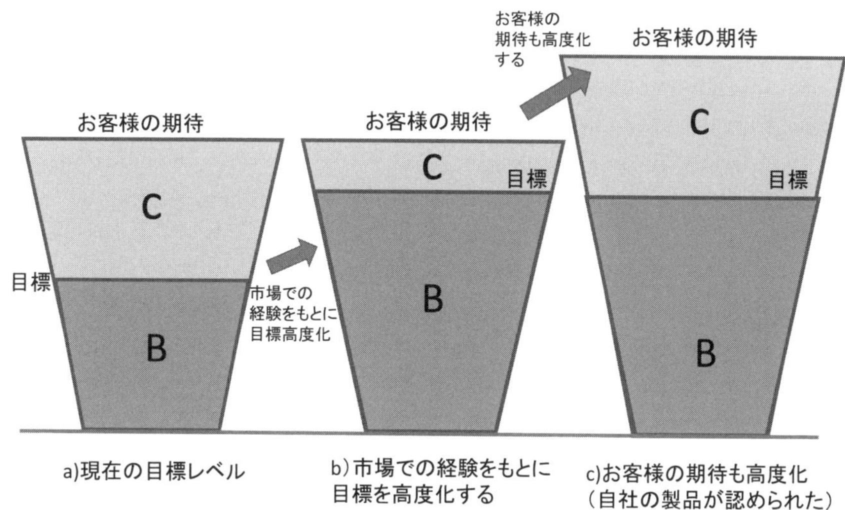

図 2.5 目標の高度化とお客様の期待の高度化

で、それが積み重なって、自分達の目標がお客様の期待を上回っているのが現状だ、と主張するかもしれません(**図 2.5b**)。そんな会社でよく聞くのが、「お客様要求の高度化」という言葉です。お客様の期待は常に一定のものではなく、皆さんの製品が高い品質になれば、それにつれて期待も高まり、常にお客様の

期待と目標の間にはギャップが存在すると考えなければなりません(**図2.5c**)。それは、皆さんの製品が、お客様の信頼を勝ち得たということで、喜ばなければならないことなのです。

2.1.2 目標と期待とのギャップ

このように、与えられた目標とお客様の期待との間にはギャップがあり、そのギャップを満たした製品をお客様に提供する努力を常に心がけなければならない、というのが大前提です。そのために、お客さまに提供する前にそのギャップを埋める努力をするのが未然防止であり、お客様に製品を提供してからそのギャップで起きている問題を解決するのが問題解決なのです。

お客様の期待は、目標のように具体的な言葉や数値で与えられているわけではないので、それを発見する・気づくことが行動の第一歩になります。つまり、気づきの力を使うという意味で、本章の冒頭で(創造的)未然防止という言葉を使いました。

一方、問題解決は、すでにお客様のところで問題が起きているのだから、気づき(創造性)はいらないのではないか、という人がいるかもしれません。しかし、このプロセスでも気づきが重要な鍵を握っていることは、この後の章を読み進めていただくとご理解いただけると思います。

未然防止も問題解決も創造性を必要とする行為だということで、創造的未然防止のベースになっているGD^{3}という考えを問題解決のプロセスにも展開したのが、拙著『発見力』[(1)]で示したGD^{3}問題解決です。

決して、重箱の隅をつつくように製品が目標を達成していないことを見つけたり、その問題に対処するのが、未然防止や問題解決ではないということです。この考えがレジリエンスエンジニアリングにつながっていくことは第6章で述べます。

2.1.3 GD³問題解決

(1) 概要

従来の決められたことを正しく行う品質管理はもちろん、お客様の期待に向かって行う行為の一部で、お客さまの期待に沿うべく行う広い意味での未然防止の行為の一部ですから、決して疎かにしてはならないのですが、その先に、気づいて対処しなければならない領域があるということなのです。

筆者は、そのギャップに気づき発見するために必要な3つの要件を、GD³、すなわち「Good Design」、「Good Discussion」、「Good Dissection」という3つの言葉で表しました。

Good Design：よい設計は、文字どおり、よい設計、ロバストな設計を指します。新しい設計に問題があるとすれば、過去のよい設計(実績のある設計)に対して差があるところに問題の芽があるといえます。そこを「リスク」(問題の兆候)と考え、その「差」を明確にした設計をGood Designと考えます。

問題解決の中では「差」を徹底的に観察し、微細な現象に気づくきっかけをうるために、いろいろな断面で、比較観察することが必要になります。

Good DiscussionとGood Dissectionは問題を発見する際に必要な要件です。ジム．M．モーガン氏とジェフェリー．K．ライカー氏は共著『凄い製品開発』(日経BP社)[3]の中で、筆者のGD³について未然防止の手法として詳しく解説してくれました。GD³問題解決はそれを問題解決に展開したものです。

(2) COACH法

筆者はCOACH法という発想法を提案しました。これは『新編　創造力事典』(共著、日科技連出版社)[4]に掲載されています。COACHとは、

C：Concentrating

O：Objective

A：And

CH：Challenging

の冒頭の文字を連ねたもので、創造性を発起するには、「集中すること」と、「客観視すること」というまったく反対のことを、諦めずに徹底的に行うという表しています。このConcentratingをGood Dissection（解剖をするように徹底的に観察する）という言葉で表し，ObjectiveをGood Discussion（チームで徹底的に議論する）という言葉で表し、GとDを頭文字に持った言葉3つでGD³という言葉で表したのです。

つまり、「差」に着目して、「ワイガヤ」と「現地現物」で問題を発見する、「サ・ワ・ゲ」がGD³の基本になるわけです。この発見のための手法を、問題解決に適用したのが、GD³問題解決です。

現状把握のプロセスで、差に着目して、徹底した観察と議論により、問題の背景にある事実を発見するのがGD³問題解決であり、FPAはその中核をなす手法なのです。

2.2 GD³問題解決のステップ

提案したGD³問題解決のステップを**表2.1**に示します。拙著『発見力』[(1)]で提案したプロセスから少し修正しています。

ステップ0：問題の発見

M型の会社では、一般的にA型の会社から「お客様のところで問題が発生したという連絡が入ります。したがって、「問題の発見」というのはピンと来ないかもしれません。しかし、お客様や客先より先に自ら問題を発見するという気持ちを忘れてはなりません。それが未然防止につながるのです。

この理由から、あえて第0ステップとして、問題発見を設定しました。このステップが**第6章**で述べる未然防止からレジリエンスエンジニアリングへの橋渡しにもなります。

表 2.1　FPA を用いた GD3 問題解決のステップ

ステップ	概要
0. 問題の発見	お客様や客先より先に自ら問題を発見する。
1. 事実の発見	事実の連鎖の調査を始める。
2. 暫定対策	緊急の対策を行う。
3. 調査・再現試験	調査や再現試験などを続行する。
4. 不具合発生のメカニズムの特定	不具合発生のメカニズムを特定する。
5. 本対策の発見	本対策を発見（発想）する。
6. 対策実施	対策を実施する。
7. 対策結果のフォローと振り返り	問題解決の進め方について振り返る。
8. 再発防止の発見	再発防止策を発想する。

ステップ 1：事実の発見

FPA を用いて不具合発生の事実の連鎖(メカニズムにつなげる)の調査を始めます。

ステップ 2：暫定対策

FPA などを用いて緊急の対策を行います。

ステップ 3：調査・再現試験

不具合発生のメカニズムの特定に向けて、FPA を用いて調査や再現試験などを実施します。

ステップ 4：不具合発生のメカニズムの特定

FPA から不具合発生のメカニズムを特定し、必要に応じてそれに関連する事実の連鎖を関連づけます(原因の発見に相当します)。

ステップ5：本対策の発見

FPAを用いて、本対策を発見(発想)します。

ステップ6：対策実施

対策を行うメンバーは、できれば暫定対策の実施時点からFPA作成に参画し、早期に対策が実施できるように準備を進めます。

ステップ7：対策結果のフォローと振り返り

FPAを用いて、問題解決の進め方について振り返ります。

ステップ8：再発防止の発見

FPAを用いて再発防止策を発想します。

このように、FPAを通して、上記の各ステップ①でFPAを使って発見力を発揮することにより、よりよい問題解決と再発防止を実現する、というのがGD³問題解決です。

つまり、図2.3のCのところで問題が起きているので、問題解決にも「発見力」＝GD³が必要ということを常に考えながら進めることになります。そこで、各ステップで発見という言葉をどう生かすかを具体的に示すために、その中核をなすFPAとその背景にあるGD³について、説明するのが本書の目的です。

なお、以前は「原因の発見」はステップの一つとしていた[(1)]のですが、問題解決の際にあまりにも原因究明にこだわり過ぎている人が多いので、「事実の発見」をもっとしっかりやるという意味をこめて、不具合発生のメカニズムを特定するプロセスの一環という位置づけとしました。もちろん、「原因の発見」が必要ではないということではないのですが、事実の発見をしっかりやって、不具合発生のメカニズムをしっかり描くことができれば、多くの問題の答えはそこで得られるということです。

2.1節で述べたように、GD^{3}は発見のための手法です。問題解決の各プロセスで、FPAを使い、それを成長させながら前述の「サ・ワ・ゲ」、つまり気づきの力(発見力)を発揮して行くということです。これが、GD^{3}問題解決の特徴です。問題を指摘されたら、あとはすべてわかっている知識を適用するだけの従来の問題解決のプロセス(本来はそうではなかったのですが、残念ながらそうなってしまった)とは異なるプロセスといえます。

2.3 私たちはものを見なくなった

昔、画家は一瞬の場面の細部を記憶し、絵として再現することができました。その腕を磨くために写生という手法を使いました。そこに、カメラが出現し、「一瞬の記憶は必要はない」と考えられるようになりましたが、それでもフィルムの時代はまだ写生の腕は重要でした。画家にとって、目の前のものを正確に写し取ることは、絵を書くことではなく、そこにあるさまざまな思いを表現することに主題が移ってきました。

そして、機械設計の世界では、正確に写し撮るためには、そのモノの背景を考えながらスケッチをするテクニカルスケッチングは、設計者の基本的素養であり、重要な技術でした。

その後CADが普及し、自ら手を動かして線を引く機会が少なくなり、スケッチをするということは、設計の世界の素養ではなくなりつつあります。

筆者がアメリカで仕事を始めたとき、最初のデザインレビューで、設計者がフロントサスペンションの説明をしました。筆者はそのボールジョントの詳細構造が知りたかったので質問をしましたが、設計者の意図が十分伝わらなかったので「絵を描いてください」と言いました。筆者は**図2.6a)**のような図を期待していたのですが、設計者がホワイトボードに描いた絵は**図2.6b)**のようなものでした。

最初のデザインレビューでしたので、その場はことを荒立てずに済ませたのですが、後で、周囲の人に「あの設計者は絵が描けないのか？」と聞くと「な

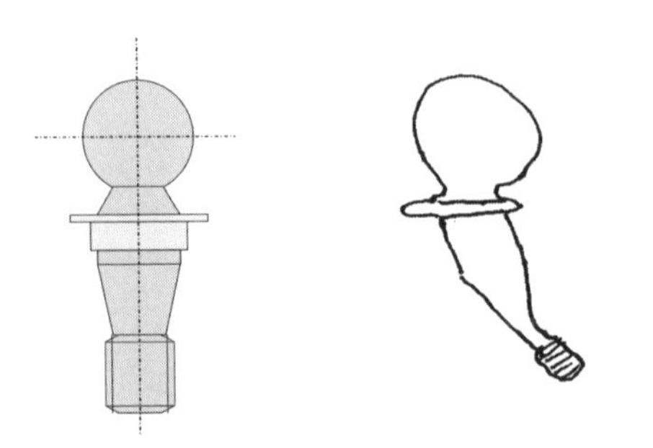

a)このような絵を期待した
b)こんな絵が出てきた

図2.6 レビューの場で設計者が書いた絵

ぜ絵が描けないといけないのか？ 我々はCADで設計しているのだ」と胸を張って言われました。これが私のGM改革のスタート点、モノを見る(Good Dissection)意味を理解してもらうことの始まりになりました。

いろいろなところでしっかり事実を見る「現地現物」(GENCHIGENNBU-TU)は、その後GMの共通言語になり、2007年にはGMのBuickブランドがレクサスブランドと並んでJD Powerで米国市場のトップの品質評価を獲得するまでになりました。

モノをしっかり見なくなったのは米国だけのことではなく、私たちの周りでも起きていることです。例えば、問題解決の領域でも、デジタルカメラの普及で、記録としての写真はいくらでも撮れるようになり、撮り溜めておいて必要なら後で見ればよい、というのが、モノを見ることのベースになってしまいました。筆者はこの状況を観察と思考の分離と呼んでいます。「観察は思考の過程で必要なときに引き出すもので、思考の過程で必要がないと考えれば、観察は行わない」というのが通例になってしまったのです。観察は発見のための重要な手段(Good Dissection)なのですが、観察は思考の説明のための手段になってしまったのです。それをもう一度問題解決の中心にもってこようというのがFPAです。

第3章
FPAの基本

3.1 事実を発見する

私たちは何か問題が起きると、「なぜ」、つまり、原因は何かと考えます。**第1章**の久米氏の言葉(2)で示したように、「専門家」は状況を聞けばすぐに原因が思いつきます。しかし、それが問題解決の大きな障壁になっているのです。

また「なぜ」と考えることは、それがヒューマンエラーに関係するように見えると、「誰が」と考えることに直結します。犯人探しに進んでいくのです。誰も犯人にされたくないので、問題解決に積極的に協力する気にはなれないのです。

「まず心を真っ白にして、事実を直視しなければならない」(2)といいますが、ではどのようにすれば事実を直視できるのでしょうか？ 「あなたは事実を直視していますか」と聞かれれば、専門家は「もちろん直視しています」と答えるでしょう。しかし、原因を直感的に特定してしまう専門家にとっては、事実を直視するなどというのは、面倒で仕方がないのです。その結果、特定した原因に直結する事実のみ直視するだけ、ということが多発します。

また、**第2章**で述べたように、QCストーリーの現状把握は、目標設定のためのステップと思われています。そのような人にとって、現状把握は、さっさと原因の説明に入るための導入部に過ぎないのです。しかし、結局は「メカニズム」、すなわちどのようなことが起きているのかのストーリー、事実の連鎖を明示してほしいのです。もちろん、その間には紆余曲折があるでしょうが、その紆余曲折は、事実を調べていくに従って、新しい事実(ストーリー)がわかって(発見して)確実なものに変更していくプロセスといえます。結局、最初(現状把握)から最後のメカニズムの獲得まで、事実の連鎖を知ろうとしているのが問題解決です。これが問題解決に必要なプロセスなのです。

もちろん「特別な、飛躍した対策を考案する」というプロセスが必要になる問題解決もあるでしょう。第1章の事例1でいえば、「リードがあるからメッキ剥がれが起きるので、リードのないチップを作る」という対策です。この飛躍した対策を導こうとすると、リードがある前提で事実をつかんでも、そこに発想が至らない、といわれるかもしれません。しかし、このような発想も、チームの議論(Good Discussion)で、事実を把握する範囲をに広げていくことで導くことができます。いずれにしても、思考のスタート地点は事実(リードがある)(Good Dissection)です。そこから GD^{3}の Good Discussion を実行し、気づき(発想)を引き出していきます。

この様子を**図3.1**に示しました。事例1のような問題解決は、中央の「見た目」と「思いつき」の結合といってよいでしょう。「なぜなぜ」も、本来は図3.1の蛸壺から外に出るための手段ですが、実際は「見た目」と「思いつき」

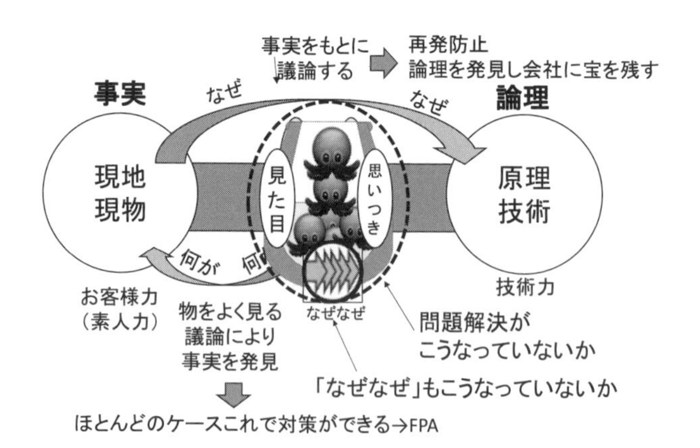

図3.1 事実の発見/論理の発見

の間を5つに分割しているものが多いのです。本当はここから外に出て、事実を発見し(「何が何が」)、そこから原理原則(技術)に結びつける(発見の)ための「なぜなぜ」なのです。遠くにある事実と原理原則(技術)を結びつけること(創造的行為)によって、真の問題解決/再発防止のプロセスが終了するといえるでしょう。

もちろん問題解決の対策のプロセスでは、すでに既知の原理原則から事実のサイドに歩み寄って、両者を結合し対策を実施することもあるでしょうし、多くの場合、事実が発見されれば、その事実に対応することで対策ができてしまいます。

しかし、最終的に「会社に宝を残す」という視点(再発防止)でいえば、事実と原理原則という遠くのものが創造的に結合されることが望ましいのです。このためには、まず事実側に、蛸壺(現在の状況)から、外に出て行かなければなりません。このとき、「なぜなぜ」ではなく「何が何が」が鍵になります。つまり、事実を発見するという行為は、皆さんが現状の蛸壺から外に出て、いくつもの発見的行為を行うカルチャーをつくるスタート地点になるのです。Good Dissection による現地現物とはこのことを示しています。

3.2 チームで事実を共有し発見につなげる

「事実はすでに目の前にあることだから、発見とはいえないのではないか？」と思う人は多いでしょう。しかし、私たちの周りでは今でも多くの発見がありますが、それはすでに存在していることで、私たちが気づいていないだけ、ということが数多くあるのです。問題解決の世界でも、すでに目の前にあるのに、私たちが見ていないことがたくさんあるのです。それを Good Dissection で集中し、しっかり把握しようとしますが、そこからさらにそこに隠れている事実を引き出そうとすると、集中しているだけでは気づきを引き出せません。集中している目を、客観視に向けなければなりません。それが Good Dissection になるわけです。

Good Discussionをするということは、把握した事実をチームで共有しなければなりません。個人で掴んだ事実をチームで共有するというところで、**2.3節**で解説した、設計者がものを見なくなった問題に加えて、もう一つのハードルがあります。把握した事実は、いろいろな形で頭の中や、紙や、ファイルの中にあるかもしれませんが、それをチームで共有しようとすると、なかなか伝わりにくいのです。FPAはそのための手法なのです。

つまり、FPAでただ集中して細かく分析して答えを出すのではなく、GD³では同時にGood Discussionでの弛緩をチームで行うことにより、気づき(発見)を引き出すことを前提にしています。もちろん、個人で弛緩することも不可能ではありません。しかし、私たちはチームで仕事をしているのです。その利点を活かすために、Good Discussionで弛緩することを気づき(発見)のための要件にしているのです。そのためにも、FPAはチームで事実を共有することも重要な目的にしているのです。

例えば、問題が起きている現場で、事実を調査した人は、それを頭に入れて帰ってくるでしょう。あるいは、詳細なメモを取ってきて、レポートにするかもしれません。では、それをどうやってチームで共有しているでしょうか？レポートを読めば事実を共有できたといえるのでしょうか？　おそらくそのレポートを読んだ「専門家」は、自分の考えになったところだけを拾い読みするでしょう。それで事実を直視しているといえるのでしょうか。原因を解析する手法は、実はたくさんありますが、事実を直視し、それを共有するための手法は見当たりません。

情報には、伝える側がPushしていけば正しく伝わるものではなく、必要とする人がPull(後工程引き取り)で受け取らなければならないという原則があります。それをどうやって問題解決でも成立させるかが重要で、FPAはそのための手法なのです。逆にいうと、原理原則に立ち戻ることは原因を絞り込んでいくこととは反対に進んでいるように思えるので、「専門家」にとっては時間のムダに思えてイライラするかもしれません。しかし、それが事実を直視するということなのです。このプロセスを通して「専門家」の思い込みを排し、新しい気づきを得ることが目的なのです。

3.3 問題発生に至るメカニズムまでつなげる

問題解決の最終報告書を見ると、「問題の発生に至る、(詳細)なストーリー(メカニズム)」が書かれています。それを問題解決の最初の「事実の発見」のステップで書くのがFPAです。しかし、このステップではストーリーは一つには絞れず、ストーリーのステップも大雑把かもしれません。それを、事実の調査(Good Dissection)と議論(Good Discussion)により、最終のストーリー(事実のストリー)の発見につなげていくのがFPAのプロセスです。そこには、根本原因のような絞り込みはありません。たくさんの最終事象(失敗、成功)につながる事実が挙げられています。また、結果として失敗につながったストーリーの中にも、成功につながる事実がたくさん含まれているでしょう。問題解決では失敗の原因を反転させて対策するのだから、失敗を突き詰めていく(原因探査)のが正しいと考えている人が多いでしょう。

しかし、失敗につながるストーリーの中にも成功につながる事実があり、それを強化することによって対策につなげることもできるのです。それが第6章で述べる「成功に学ぶ」ということにつながります。最初から失敗の原因だけを解析し、失敗の根本原因に連なる原因だけに着目したのでは、結局は多くの人がその失敗に関連する事実(ストーリー)から学ぶことができないという結果になってしまうのです。Good Discussionにより、多くの事実から学ぶべきことを発見できるのです。

第4章
FPAの実施方法

4.1 FPAの基本的なルール

本章では、ここまで紹介したFPAについて、その詳細を解説していきます。

第3章で述べたように、FPAはGD³問題解決のステップ1：事実の発見からステップ8：再発防止まで、すべてのステップで用いられます。問題発生の第一報を受けたときに最初のFPAを作成し、それを修正しながら再発防止まで使っていくということです。

FPAを作成するにあたって、以下に示す基本的ルールと手順(**表4.1**)を最

表4.1　FPA作成のプロセス

手順	概要・ポイント
1. リーダーは解析のスタート事象と最終事象を決める	まず解析のスタート事象と最終事象を決める（仮決め）
2. リーダーはスタート事象から最終事象に至る事象の連鎖を示す	事象を事実・情報・推定で表し、ストーリーとしての連なりを明確にする
3. チームで議論し加筆・修正する	チームメンバーはそれぞれにストーリーを示し、1つの FPAにつなげる
4. 調査計画を決める	示された推定事象を確認（事実に）する）ための調査項目を決める。何と比較するかも重要
5. 調査結果を記入しFPAを修正する	調査を実施し、結果を記入し、FPAを成長させる
6. 問題発生のメカニズムを特定する	1～5のステップを繰り返し、問題発生のメカニズムを明らかにする

初に共有します。

(1) 解析のスタート事象と最終事象(発生した問題)を決める

最初にリーダーが解析のスタート事象と最終事象(発生した問題)を決めます。

(2) 最終事象に至る事象の連鎖を示す

事象は、事実・情報・推定で表されます。原因の連鎖や要因の連鎖ではないことに注意が必要です。ここで大切なことは、書き出した事象が「確認された事実」か「情報がある」か「推定される事象」かを明確に区別するということです(**図4.1**)。一般的な問題解決では、この区別が不明確で、いつの間にか「情報がある」が「確認された事実」にすり替わってしまうことがよくあります。FPAは事実の連鎖を表しますから、時系列を正しく表すことが重要です。その際、2つ以上の事象が合わさって次の事象が起きる場合は、FTAで用いるANDの表記を使います。あるいは、**図4.2**のように2つの方向から連鎖をつなげることによってもANDを表せます。他の分岐点は、常に「他にないか」を考えていますので、2つ以上の分岐や結合は何も記号を使っていなくてもORと考えます。

リーダーは最終事象に至る事象の連鎖、すなわち時系列で何が起きているかを、その時点でもっている情報をもとに整理します。このとき、問題のない工程/作業ではどのような事象の連鎖になるかを別に書いておき、それを参照しながら進めると考えやすい場合もあります。

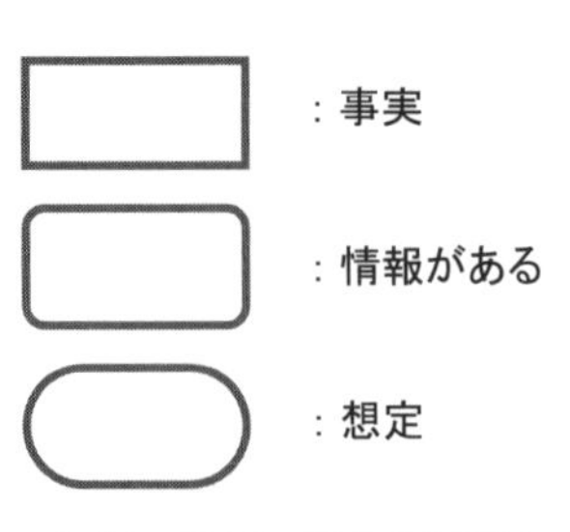

図4.1 事実・情報・想定を区別して表す

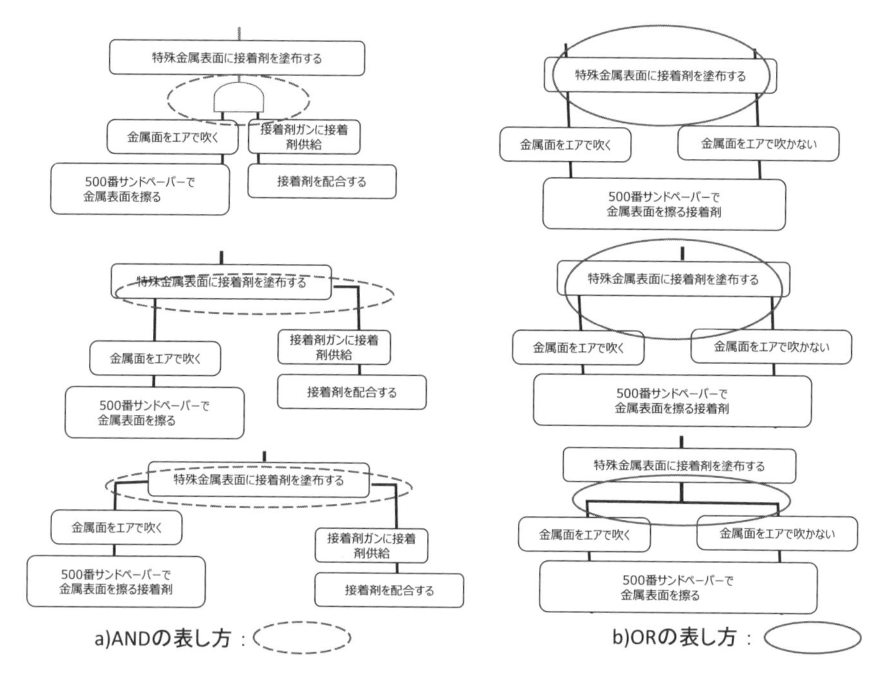

図4.2 AND/ORの表し方

(3) チームで議論しFPAを加筆修正する

ここまでの時点では、まだFPAはリーダーの直感によって描かれていますので、これを(心を真っ白にした)事実の直視に変えていかなければなりません。そのための手段がチームで議論するということであり、GD^{3}のGood Discussionにつながります。

リーダーが推定したプロセスに対して、プロセスの間の事象をもっと詳細にすることと、他のプロセスはないかを考え、それらを提案して、FPAの原案を作ります。

FPAでは事象のつながりを表すことが大切です。かなり前の工程で起きた事象が後の事象につながって、それが最終的な事象につながるということを表すために、事象の関係を表す線(太さ、実線・波線)を、色や形で区別したり、矢印を用いたりして表します。

(4) 調査計画を決め、実施する

このように、FPAの原案をベースにして調査を進めますが、どのような調査を進めるか(調査計画)は、事象と関連づけて四角の吹き出しで記入します。さらに、比較して差を見るところは、何との差を見るのかを具体的に、丸い吹き出しでに加筆します(**図4.3**)。

ここまでの流れを整理すると、問題の報告があったら、問題解決のリーダーはすぐにスタート地点の事象から最終の事象までの1つのプロセスを書きます。そして、チームのメンバーが、そのプロセス(事象の連鎖)に必要な事象を書き加えるとか、いくつかの他のプロセスを提案して、最初のFPAとします。これに必要な調査内容を書き加えます。ここまでで、1時間ぐらいでできる範囲のFPAでよいでしょう。この段階で、正解のプロセスが描かれていなければならない、ということはありません。FPAを書かずに調査に入ったとき、専門家の思い込み(リーダーの最初のプロセス)で調査を始めてしまうことを避ける(心を真っ白にして事実に向き合う)ために、他にないかということも考えて調査を始めるためのものです。このための他のプロセスの提案は2～3案あればよいのです。

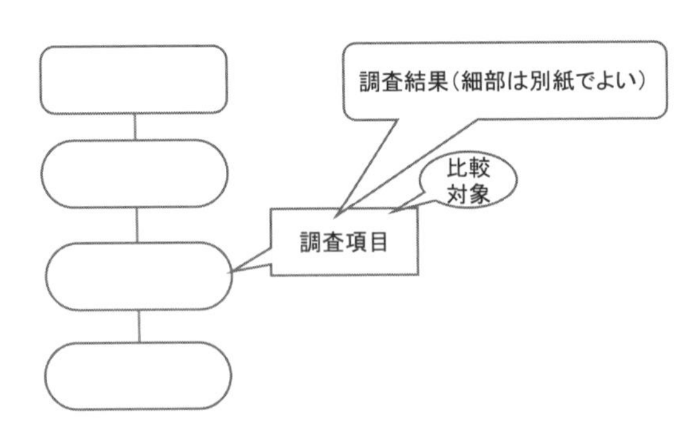

図4.3 調査項目、比較対象、結果の表し方

(5) 調査結果を記入し、FPAを修正する

ここまでできたFPAを持って現場に行き、調査を始めます。大切なことは、調査に入る前に最初のFPAを描くときも、それを修正していくときも、常にチームで議論し、次のFPAを描いてみる、つまり事実(Good Dissection)と議論(Good Discussion)で新たな事実の発見ができるようにすることです。調査結果は図4.3のように角のとれた四角の吹き出しに記入しますが、結果に基づいて修正するだけの、後追いのFPAにならないようにすることが大切です。

また、最初にFPAを描くと、それに制約されてそこしか観察しないようになると思うかもしれませんが、そのためにFPAは他のストーリーも考えているのです。「心を真っ白にして事実に向き合う」と何も考えないで現場に行っても、専門家は頭の中でなぜを考えていますから、調査も、自然とそのなぜに都合がよい調査になってしまいます。

一方、なぜという先入観なしに漠然と事実の調査を始めると、調査の視点が定まらず、大切な事実を見落としてしまいます。細部に調査・観察の目がいくようにFPAは細部のプロセスを示してくれているということです。これにより、専門家の思い込みを排して、事実に向き合う第一歩ができるのです。

今まで、原因や対策がわかってから、それを説明するためにFTAや原因分析を使っていた人にとっては、事前にFPAを描くことは、慣れないことで難しく感じます。結局、後付けのほうが楽だということで、形だけのFPAを使う意味のないことをやってしまいがちです。当然、調査でわかったことを加えて、FPAを修正していくことは大切ですが、常に、次の調査検討の計画を加えていくことが大切です。

さらに調査を行い、新しい事象を追加し、正しくない事象は×を記入し(消してはいけない)最終的に1つのストーリーにしていきます。なお、1つにならないことも当然あります。

4.2 FPAの展開事例

以下、具体的な問題に対してFPAを展開した事例3で解説します。

4.2.1 事例3 B君の骨折

■概 要

「A室に入ったB君が転倒し骨折した」、「B君はA室の奥にある机の上の資料を取りに入った」という情報が入ってきました。

A室を観察した人から、以下の情報が伝えられました(**図4.4**)。

- A室には1つ照明があったが、点灯していなかった。
- A室には窓はなく暗かった。
- A室の奥には机があり、机の上に資料があった。
- A室中央付近に長さ1m×厚さ10mmのフローリング材10枚の束が置いてあった。

図4.4 A室の様子

■ステップ1：解析のスタート事象と最終事象(発生した問題)を決める

FPA を描く事象の最初と最後を決めます(**図 4.5**)。このステップは、この間だけを解析するという限定領域ではなく「最初にまずそこに注目しよう」という領域を示したものです。また解析を進めていくと、当然外の領域に解析を広げる必要が出てきます。それには柔軟に対応していかなければなりません。

■ステップ2：最終事象に至る事象の連鎖を示す

事象の間に来る事象を考え、1つのつながりを作ります(**図 4.6**)。ここまでは、リーダーが現地の様子(第一報)を聞いて考えた事象のつながりです。

時系列に沿って起きた事象はつながりを示しやすいですが、それが起きた周辺の状況(環境条件など)も、事実として忘れずに組み込むことが大切です。状況は AND として記入してもよいですが、以前からそうだったという意味では、以前の事象のつながりとして一直線につなげてもよいでしょう(**図 4.7**)。

■ステップ3：チームで議論し加筆修正する。

リーダーが描いた FPA について、チームで議論します。チームメンバーはステップ1～3でリーダーが描いた FPA の幹に対して、「他にないか」とい

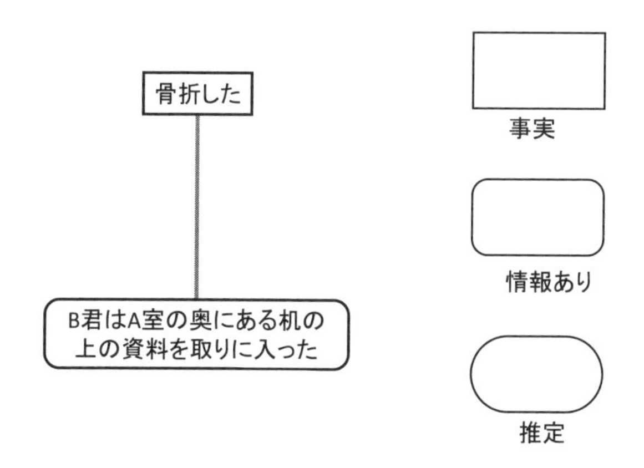

図 4.5　解析の領域を決める

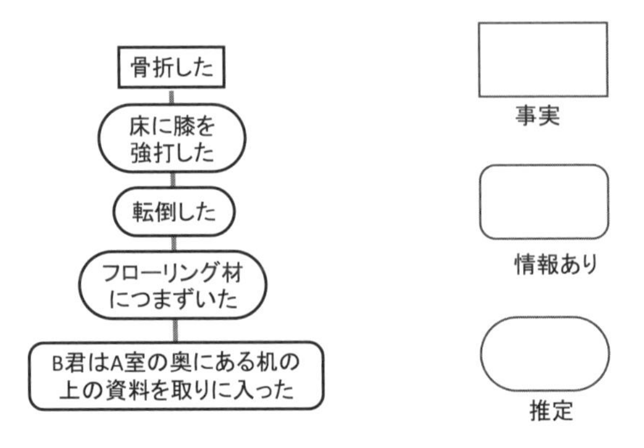

図 4.6　リーダーは FPA 解析の幹を描く

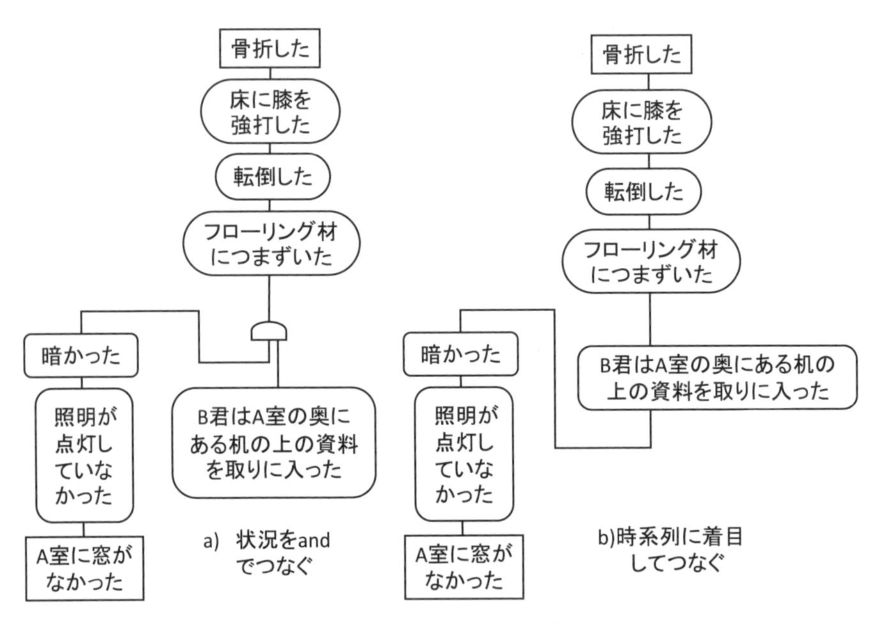

図 4.7　周囲の状況も書き込む

う視点で、必要な項目を加筆する(**図 4.8**)と同時に、さらに「他にないか」という視点で、リーダーが考えていない他の事象のつながりに気づくことで、リーダーを助けます。「他にないか」と呼びかけると、FTA の一項目のよう

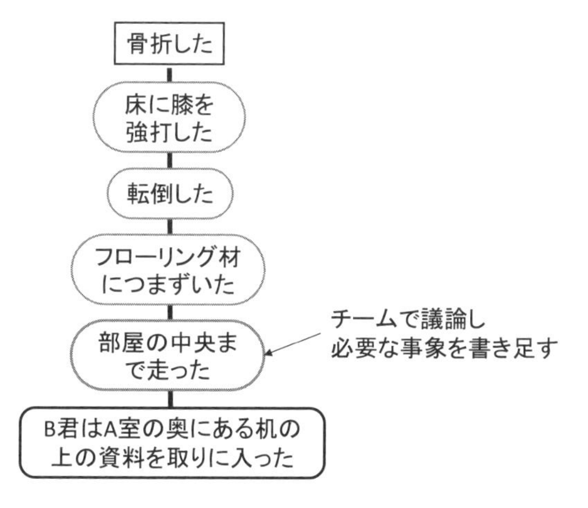

図 4.8　さらに細部の事象を書き足す

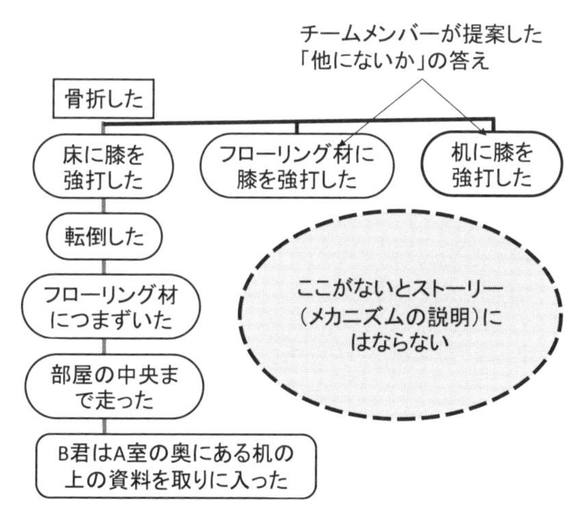

図 4.9 「他にないか」というのは、こういうことではない

に、単発で要因（原因）を書き並べる（**図 4.9**）人がいますが、それでは FTA と変わりません。必ず、一連の事象の連鎖、すなわちストーリーとして提案されていなければなりません（**図 4.10**）。そして、それを**図 4.11** のように各ストーリーを関連づけて整理して FPA の形にします。

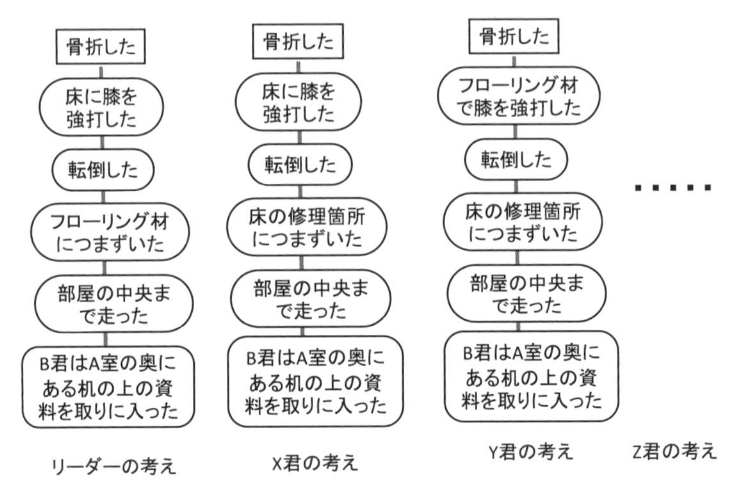

図4.10　「他にないか」は「他にストーリーはないか」ということ

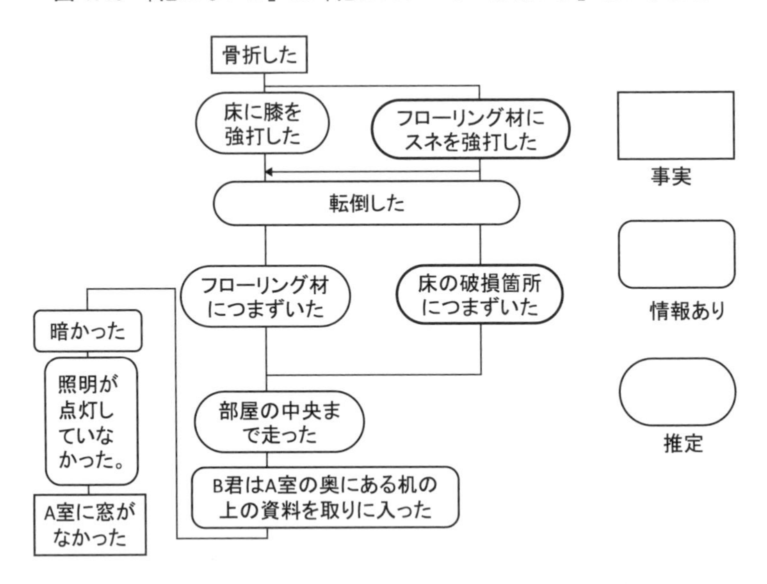

図4.11　各ストーリーを関連づけて1つのFPAにする

大切なことは、FTAのようにミーシーにすべての要因を挙げることでも、漏れがないことを要求することでもなく、他にあり得る事象のつながりを示し、

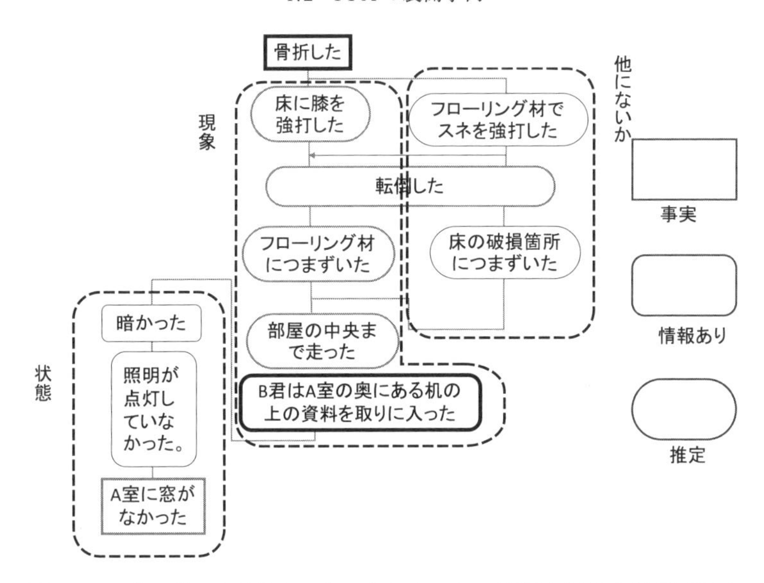

図 4.12 リーダーの考えたこと・他にないか・状況を現象の連鎖で表す

現状把握のための行動につなげることです。

ステップ 3 が完了すると、FPA の基本の形ができます。大切なことは、**図 4.12** のように状況の事実、他にないかという視点での現象の連鎖が示されていることです。

■ステップ 4：調査計画を決め、実施する

事実の発見のために行う調査事項を四角の吹き出しで入れます(**図 4.13**)。事例 3 では、B 君に聞くというのが一番正しい、重要な実施事項かもしれませんが、それができない場合も想定して考えてみました。この問題ではまだ細部の差の調査が必要にはなっていませんが、さらに調査を進めると、微細な差に注目する必要が出てきます、調査の中で、比較し、その「差」を明確にする対象を決めておかなければなりません(Good Design)。それを円形の吹き出しで記入します。

この調査計画も、チームで議論することが大切です。FPA の作成はこれで

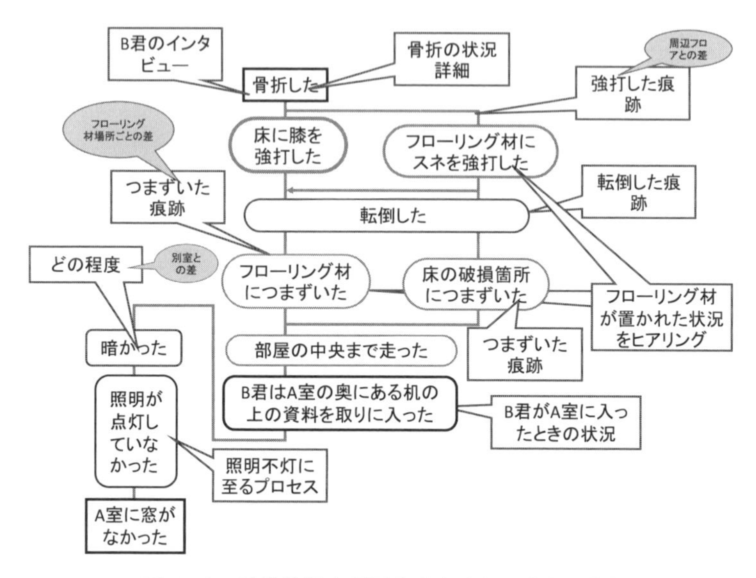

図 4.13 具体的調査項目を吹き出しで入れる(29)

終わりではなく、この先、調査結果の記入、新たに気づいた現象の連鎖、現象の項目を記入して行き、最後に正しい不具合発生のメカニズム(不具合の連鎖)に到達するまで加筆・修正していきます。

ここで、この事例を使って、FPAの重要な特徴に注目します。原因に注目した解析と事象に注目した解析の違いです(**図 4.14**)。原因に注目すると、現物の調査もその原因に合致しているかどうかという点だけに着目することになりますが、FPAのように事象の連鎖に注目すると、もしそのルートを通ったらその前の状況(記録データなど)がどうなっているか、ルートの途中でどのような痕跡が製品や周辺に残っているか、そのルートを通った結果が製品に現れているかについて、示された事象ごとに調査すべきポイントが提示でき、より精細な現状把握が可能になります。

これらの調査結果を角のとれた四角の吹き出しで記入します(**図 4.15**)。もちろん狭いスペースには描ききれないでしょうから、細部は別紙ということでかまいません。この問題ではまだ細部の差の調査が必要にはなっていませんが、

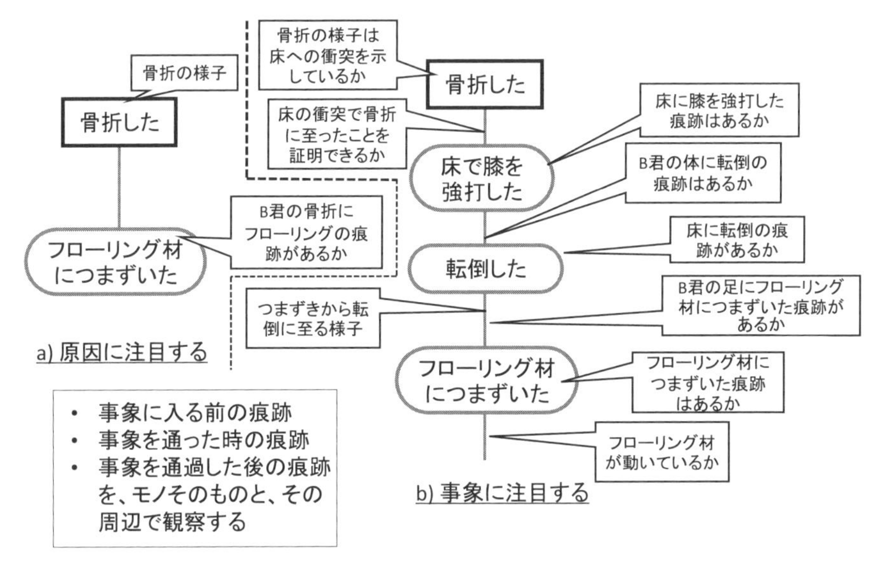

図 4.14　事象を丁寧に示すことにより、多くの観察のポイントに気づく

さらに調査を進めると、微細な差に注目する必要が出てきます。調査の中で、比較し、その「差」を明確にする対象を決めておかなければなりません(Good Design)。それを円形の吹き出しで記入します。

また、図4.15の完成したFPAを見ると、読者の皆さんは、B君がA室に入る前の様子など、もっと別の調査の視点が必要だ、とすぐ気づくでしょう。それが大切なのです。それがGood Discussionで新たな気づきを引き出すということなのです。

4.3 FPAの戦略：どのプロセスに着目するか

FPAの基本は、時系列に沿って現象の連鎖を描くことですから、その問題に関わるすべての事実(現象)を時系列に沿って書き上げようとすると、非常に長いFPAになってしまい、描くことも見ることも不可能です。戦略というと大袈裟ですが、最初からすべての要素をもれなく描こうとすると、形式的にな

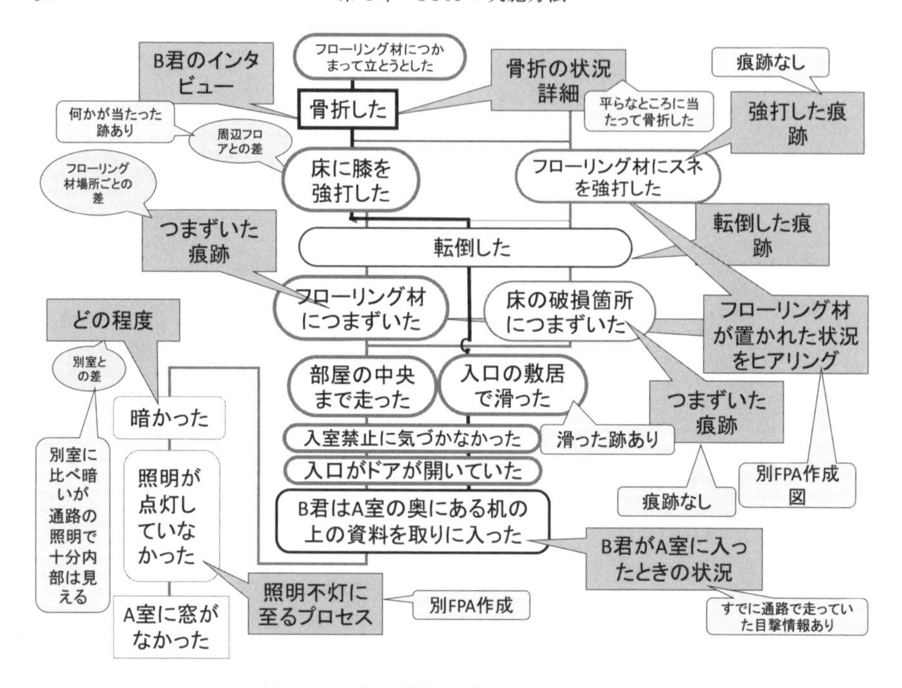

図4.15　調査結果を吹き出しで入れる

り、かえって事実に到達するのを妨げます。しかし、一方では、あまり狭い範囲に集中すると、大切な事実を見逃すかもしれません。大切なのは、最終的に必要な事実の連鎖(不具合発生のメカニズム)が示されることで、最初からそれが示されている必要はありません。ゴールへ向けて事実の把握と議論を続け、気づきを引き出し、FPAを成長させていくことが要件です。

例えば、市場で起きた問題を解決しようとすると「市場でのお客さまの使い方」、「輸送工程」、「客先の工程」、「自社の工程」、「自社の設計プロセス」、「仕入れ先の工程」、…と、関連する工程は多岐にわたります。これらを常に同時に一連のものとして解析しなければならないとなると、膨大な情報になってしまいます。

大切なことは、これらにはつながりがあることを常に意識して、必要に応じてつなげられる用意をしておくことです。客先(客先工程/市場)と自社が解析を分担し、それをつなげて一連のものとして見られるようにしておくとか、自社では製造工程と開発工程は分担して解析を行い、それらが常に見られるようにしておくといったことが必要です。

FTAでは事実をもれなく解析するために、ミーシーにすべての工程を横に並べますが、それは、結局「誰が悪いのだ」という責任追及になり、問題に至る本当の連鎖が見えなくなります。大切なのは、責任を追及することではなく、問題発生に至る事象のつながりを知り、それぞれの工程で、問題を解決することに寄与できる場所を見出すことです。

4.4 FPAを成長させメカニズムの特定までつなげる

4.4.1 最初に描くFPA

FPAを最初に描くのはいつか？　と聞かれると、それは問題の情報を最初に得たときといってよいでしょう。なぜなら、専門家は最初の情報を得た途端に、自分の論理で原因を考えようとするからです。心を真っ白にして事実に向き合うということは、何も考えずに問題解決を始めるのではなく、自分の論理とチームの議論を加えたFPAをベースに調査の視点を広げていくということです。何も考えずに調査を始めると、結局、漠然とものを見てしまったり、事実を見る前に再現試験を考えてしまうことがよくあります。

この時点のFPAは、いろいろ不明な点があるので、無理に詳細なもので仕上げなくてもよく、リーダーの考えとメンバーの考えがいくつか対比できるようになっていればよいのです。可能性をすべて出そうとするとFTAのような形になるので、それは避けなければなりません。大切なことは、最初の調査、観察の着眼点が具体的に示されていることです。大まかですが、問題発生の第一報を受けて、「調査に出発する前の1時間ぐらいで準備できる範囲」と考えるとよいでしょう。図4.15のFPAは事象の連鎖を書いただけで、これで本質的な対策ができるとは思えないでしょうが、最初のFPAはこれでよいのです。もっと充実したFPAを描きたいと考えたなら、他の骨折要因をたくさん考えるより、骨折に至る前後のプロセスをもっと詳細に考えたほうがよいでしょう。そのほうが、もっと詳細に観察するチャンスが与えられるからです。

4.4.2 FPAを成長させる

最初の調査結果、およびそれに続く調査結果により、FPAを加筆修正するプロセスです。ここでは、調査結果を記入するだけでなく、その結果から、新たな事象の連鎖の気づきを加えていくことが大切です。それが事実の発見につながるのです。そして、次の調査ではこのような調査が必要だということを、次の調査に先立ってFPA上に記載するようにしていかなければなりません。FPAには次の調査の計画が書かれているということです。調査をしたらこうだったからFPAはこうなる、という結果を書くだけの後追いのFPAでは、FPAを作成する意味が半減します。常にFPAを中心に据えて、それが修正され、成長していくプロセスを作ることが大切です。事象の連鎖を広げていくだけでなく、調査結果に基づいて、そのプロセスが起きているかどうかの判断も加えていかなければなりません。このとき、調査結果をもとに論理的に検討していきますが、新たな事象の連鎖を広げていくプロセスでは、GD^{3}の「気づきの力(発想力)」を発揮しなければなりません。目の前にある事実(Good Dissection)の微細な差に着目し(Good Design)、チームで議論し(Good Discussion)探査すべき新たな領域を発見することが大切です。

またこのときも、FPAからは少し目を離し、「何が原因か」という視点ではなく、「あそこに事実がある」という気づきを引き出すことが大事です。その新しい事象の連鎖が起こっているのは、もっと前のプロセスであったり、もっと後のプロセス、あるいは、まったく他のプロセスかもしれませんが、それをFPAに書き加えてみましょう。それが、FPAを成長させるということです。そして、最初のFPAと同様、新たな調査計画を加えていき、さらなる調査を行うというプロセスを繰り返すことにより、真の事象の連鎖に近づいていきます。

4.4.3　最終的なFPA

最終的なFPAの姿は、問題発生のメカニズム(事象の連鎖)になっているはずです。問題とは直接関係しなかった事実は消して結果だけを残すのではなく、そこまで検討してきたことのプロセスがすべて残っているFPAが最終的なFPAの姿です。問題と直接関連がない事実には×や△がついた形で残っていることが大切です(**図4.16**)。

まず、×や△印がつかずに残っている事象の連鎖に着目しましょう。よく見ると、1つのルートだけではなく、まだどちらが事象の連鎖かの決着がついていないルートがあることに気づく場合もあるでしょう。FTAや「なぜなぜ」に見られるような、真因を特定しそこに対策するという硬直した考えはここで

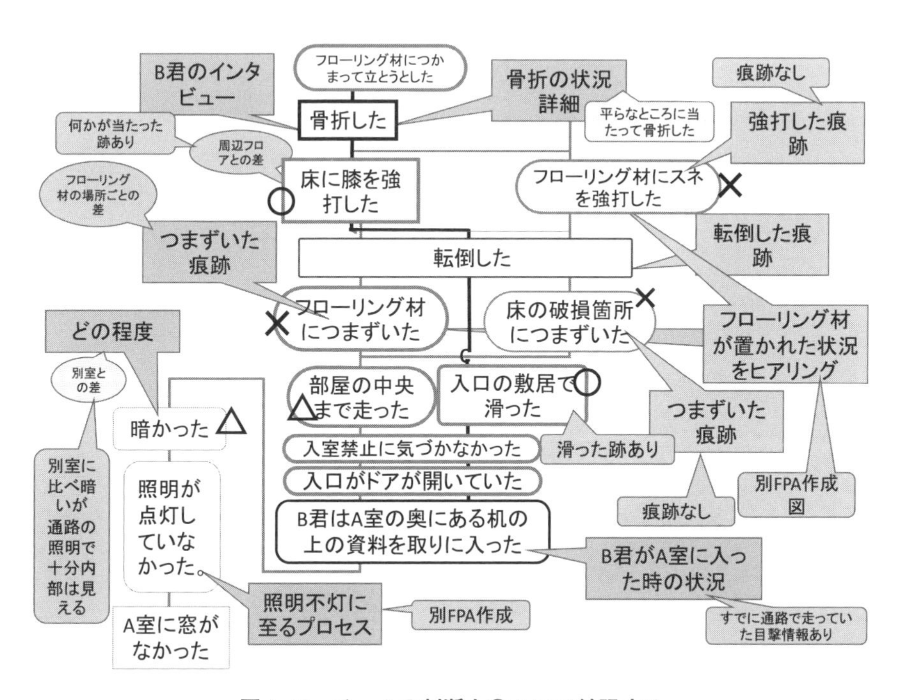

図4.16　チームの判断を○△×で付記する

は必要ありません。事象の連鎖が2つになるなら、そのそれぞれに、あるいは両方に有効な対策をして問題が起こらないようにするのが本対策になるのです。大切なのは、事象の連鎖のどこで連鎖を止めてもよい、という目でFPAを見ることです。FPAを用いて原因ではなく問題に至る事象の連鎖に目を向けることにより、問題に対する対策の可能性を大きく広げることになるのです。FPAは発想を広げるための手段なのです。

さらに、FPAの中でこの問題のメカニズムとは直接は違うと判断された(×や△がついた)項目にも目を向けましょう。これらの項目は、FTAのように思いつく項目をすべて挙げたわけではなく、問題につながる可能性のある事象の連鎖を考えたはずです。結果として、この問題に至る直接のプロセスではなかったかもしれませんが、この際、問題につながる可能性のある項目として対応を考えたほうがよい項目がたくさん示されているはずです。前述の「第8ステップ 再発防止」の中では、これらをカバーできる施策を考えることにより、再発防止が確実で有効なものにできます。さらに、「第7ステップ 問題解決の振り返り」で、問題解決の進め方そのものの問題を発見するもとになります。

私たちは、FTAやなぜなぜを用いて「真因を特定し、再発防止策を確定する」といいますが、ある真因が1つ目の前にあると、それをひっくり返して対策としたり、それを再発させないために標準やチェックリストに組み入れたりすればよい、という考え方になります(図1.3)。これは一見有効で効率的に見えますが、実は有効でなかったり、「すぐに実施できないので、次期の開発で対応します」などと再発防止の中に紛れ込ませて、問題解決を先送りしたりしがちです。それはなぜかというと、結局「真因だ、と思い込んで1点に絞り込んだために、その先の発想が広がらなくなってしまった」といえるでしょう。

このことについて、事例3で考えます。本筋とは別に、なぜフローリング材がこの部屋に置かれたかが気になります。そこで、フローリング材が床に置かれたプロセスを別途解析します。

フローリング材が置かれたプロセスは、B君が骨折をしたFPAの前工程になりますが、どこに関連づけられるかを明確にして、別のFPAとして解析していきます。もちろんここからは FTA で解析することも可能ですが、その瞬間に従来の原因特定にまっしぐらに進んでしまう、という弊害を取り除くために、フローリング材を持ち込んだ修理担当の C 君にヒアリングした結果を事象の連鎖として FPA のように表すことにしました(**図 4.17**)。もちろんヒアリングの前にどのような回答になるかを想定して、他の回答も考えた FPA を描いてヒアリングに臨むことは大切ですが、今回はそれを省略して、丁寧に一連の行動をヒアリングすることにしました。

通常、このようなヒアリングでは、FTA 式に「なぜフローリング材を床に置いたのか？」、「いや、床には置いていません」程度のやり取りで終わってしまいます。そのようなヒアリングでは、図 4.17 に示したような「入口の扉を開けたままにして部屋を出てしまったため、入室禁止の表示が見えなかった」という事実を引き出すことはできないでしょう。ヒアリングの際も、いかに事象(事実)の連鎖を引き出すかが大切だということを理解していなければならないということです。

GD^{3}の基になっている発想法が COACH 法です。集中した領域に固執するのではなく、観察による集中(Concentration)と議論による弛緩(Objective)を繰り返すことにより、「発見」、つまり必要な領域に発想を広げるのも大切なねらいなのです。実際に FPA をやってみると、

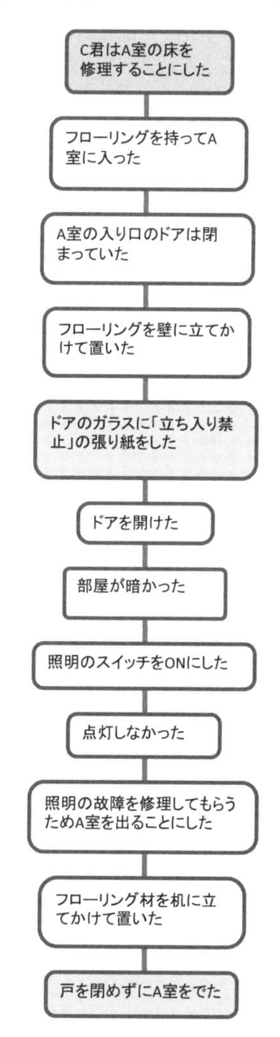

図 4.17　フローリングを持ち込んだプロセスのヒアリング結果の FPA

議論により、いろいろな気づきが生まれることを体験できます。

4.5 FPAとFTA、「なぜなぜ」はどこが違うのか

FPAとFTA、「なぜなぜ」との違いについては、これまでも随所で触れてきましたが、ここで少しまとめておきたいと思います。

辞書を引くと「前に起きた事象が原因、後に起きた事象が結果」という説明があります。それならば、起きてしまった問題から時系列を遡って原因を探していくのがFTAで、時系列の古いところから事象を連ねて問題に到達するのがFPAということになり、「どちらから見るか」が違うだけといえます。しかし、それは重要な意味をもつ大きな違いです。FTAはもともと設計の際に、要因をもれなく記載して、それらに発生確率を付与することで、必要な項目を見逃さず、重要なものから確実に設計するように構築された手法です。図2.1でいうBの領域のチェックを完全に行うことをねらっています。非常に論理的で設計の際には頼りになる武器です。しかし、これを問題解決で使おうとすると、いろいろな問題が起きます。

FTAでは、各層でもれなく要因を洗い出すミーシーが重要になります。例えば、第一層では関連するシステムをもれなく記載するとか、次の層では関連するサブシステムをもれなく記載するなどです。これに確率を付与することにより、示されている項目について100%が確保されるのです。しかし、問題解決の際には、頂上事象である問題に対して、システムとかサブシステムがどのように寄与しているかはまったくわかりません。機械的にすべての要素が書いてある、というだけになってしまいます。問題は図2.1のCのところで起きているのですから、各要因の発生確率はわかるはずがありません。

かつて筆者は、ミーシーと確率の付与を無視した、問題解決のためのFTAソフトを製作・販売したことがあり、その際諸兄から「こんなものはFTAではない」と顰蹙を買ったことがあります。このころから標準的なFTAを問題解決に使うということに抵抗を感じており、原因の掘り下げをまずやって、そ

こでチームで他にないか議論し FPA を構築していく手法を提案しました(「なぜなぜ他にないか」[1])。それが、上記のソフトウェアです。しかし、この手法を問題解決の中心にもってくるのは問題があることに気づきました。それは、FTA の問題の掘り下げ側はいくらでもスキップできるということです(**図 4.18**)。例えばすべての工程を書き出して(ミーシー)、「ここの作業者が作業ミスをした」→「作業標準がなかったからだ」としている FTA を見かけますが、ここには「標準がなかったことが、作業者のミスにどのようにつながっていったのか」という事象の連鎖の説明がありません。これでは問題の解析にも、原因の掘り下げにもなっていません。最初からその結論に行くことを決めていただけです。

このように、FTA の欠点は原因方向へ大幅にスキップしてしまうところです。それを防ぐために、「なぜなぜ」で間を 5 回ぐらい埋めよう、という考えが生まれます。それでいくらか改善が図れるのですが、トップ事象と根本原因は決まっていて、その間を 5 つに割っているだけの「なぜなぜ」をよく見かけ

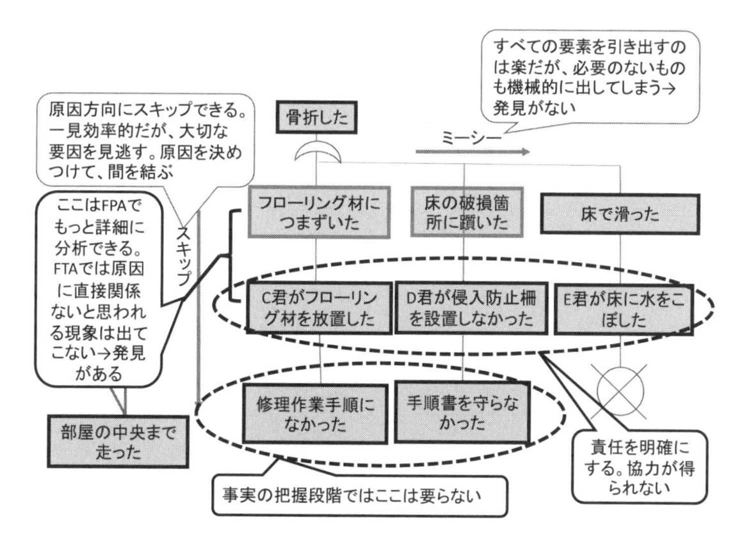

図 4.18　FTA は原因方向にいくらでもスキップできる

ます。少し考え方を変えて、時系列で事象の連鎖を書いてみれば、5つに分けるなどというのは簡単なことだとわかるでしょう。

原因側に何回掘り下げるかではなく、事象の連鎖を丁寧に辿っていくことだ、ということが大切であり、それがFPAの開発につながったのです。なぜそれが必要かというと、問題解決の最初にある「現状把握」の意味をもう一度見直すと、その後の問題解決のステップはその延長線上で十分に進めることができることに気づいたからです。

上記のように、原因を掘り下げることと、事象の連鎖を示すことは、思考の方向が違うだけだともいえますが、実際には原因を掘り下げると、そこに出てくる事象(事実)は頂上事象に関わる「悪いこと」だけです。一方、時系列で事象の連鎖を辿るときは、そこに出てくる事象は、必ずしも悪いことばかりではなく、実際に起きていることの連鎖が示されているのです。このことは、以下のようないくつかの違いを生むことになります。

- FTAは原因を辿りますから、問題解決の最初にFTAを書くということは、どこに原因があるかを最初から特定しようとする議論に結びつき、スタート地点から責任論を戦わせることにつながってしまう恐れがあります。しかし、事象(事実)の連鎖を書き出すで、責任を云々することではなく、客観的に問題を共有することができます。
- 現状把握という点では、図4.14に示したように、原因をスキップしてしまわず丁寧に事象を辿ることで、その周辺でできる観察の量がまったくちがってくることもFPAの利点です。
- FTAで原因を絞り込むとき、原因を裏返したものを対策と決めがちで、対策の発想が膨らみにくいということもあります。一方FPAでは、問題の発生に至る事象の連鎖が示されているので、そのどこで対策を行ってもよいことになり、対策の発想を膨らませやすいといえます。さらに、再発防止のところでも、FPAには今回の問題の発生には直接つながらないと判定されたことも×や△の記号がついて残っていますから、その仕事の弱点が示されている可能性があります。そこに注目することによって、効果的な再発防止策に気づく可能性が出てくるのです。

もちろん、FTAにも利点があります。COACH法に照らしていうなら、FPAは「集中に導く手段」、FTAは「弛緩に導く手段」ともいえます。気づき(発想)のためには集中と弛緩の両方必要なわけです。GD^{3}では、チームの議論とFPAと組み合わせることによって「集中と弛緩」を両立させていると考えればよいと思います。

4.6 FPAの利点を活かす

4.6.1　FPAの現象の連鎖には「3つの結果(事実の痕跡)」がある

図4.14に示したように、FPAに現れる現象の連鎖には、「その連鎖に入る前の状態の痕跡」、「その連鎖を通っていた痕跡」、「その連鎖を通った結果ものに現れた痕跡」の3つの痕跡があるはずです。現象が具体的であればあるほど、その痕跡があることが期待できます。もちろん、その痕跡は非常に微細かもしれません。だから、そこを通ったものと、別のルートを通ったものとの差を見ることにより微細な痕跡を見出すことが大切になるのです。

つまり、FPAは、事実の痕跡を辿ることにより、確実にその現象の連鎖を通ったことを証明していく問題解決法でもあるのです。さらに、それに加えてCOACH法の集中と弛緩を成立させて、問題解決のための気づきをメンバーに引き起こさせる手法なのです。

4.6.2　事実の発見を超えてFPAを使う

「事実の痕跡を調べるためにFPAを使い、原因を掘り下げるためになぜなぜや他にないかを使う」という方法を、拙著『発見力』[(1)]では示しましたが、実際にFPAを使って問題解決を進めていくと、必ずしもその連携は必要ないことが見えてきました。つまりGD^{3}とFPAで十分この連携に近いことが可能であることがわかったのです。一方では、FTAを描いていると、どうしても早く答えが欲しい、原因解析(FTA、なぜなぜ)に進めてしまいたいという気持ちが強くなり、FPA 解析(事実の発見)が疎かになってしまう人が多いことがわかりました。本書では、FPA を中心にして、徹底的に問題解決、再発防止を進めることを説明しています。

4.7 FPA 作成法の詳細

4.7.1 FPA が FTA になる

最初の FPA を書こうとするとき、図 4.5 のように、事象の最初と最後を決めて、その間を事象の連鎖で埋めていきます。そのとき、例えば工程の問題だと、事象の連鎖を工程の名前で埋めていく人がいます。各工程はそれぞれそこを通った事実を表していますから間違いではありませんし、思考の助けになりますが、問題はその次の動作です。本来はその工程と工程の間でどのようなことが起きていたか、想定される事象の連鎖を示さなければなりませんが、**図 4.19**)のように、各工程で起きうる問題の原因を書いてしまうのです。これを**図 4.20**)のように 90°回転して見ると、これはすべての工程をミーシーに取り上げた FTA です。そもそも、この段階ではこんなにたくさんの原因を考える必要はないのです。最初の FPA では、リーダーはストーリーを 1 つ作り、どの工程付近で何が起きているかを詳細に示せばよいだけなのです。そして他のチームメンバーも、それぞれに最低 1 つストーリーを提案し、そこで起きていると推定される事象の連鎖を詳細に示すことが大切なのです。

もちろん、いくつかの工程を結んで起きている事象の連鎖を示すことも大切ですが、決して、可能性のある原因をすべて出そうとしてはいけません。可能性のある原因をすべて書き出すのは、実際には起きていないとわかっていても、工程を知っている専門家なら簡単にできます。しかし、工程と工程の間で何が起きているかを考えることは、1 つのストーリーをどこまで詳細に書けるかにかかっています。まだ自分のよく知らない工程では、あまり詳細には表現できないかもしれませんが、できる限り詳細に書こうとする意識が大切です。このとき、工程の名前ではなく、自らが移動している製品になったつもりで事象の

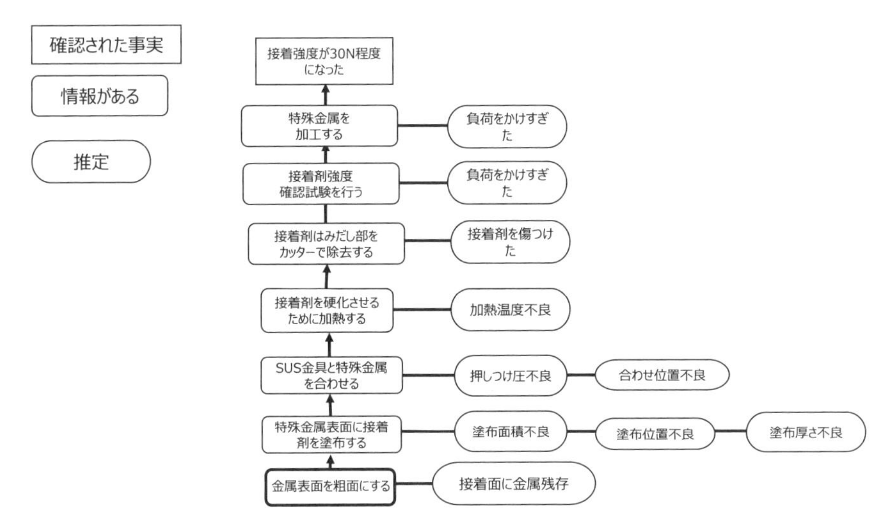

図4.19 工程と問題を紐づけるのは簡単だがこれはFPAではない

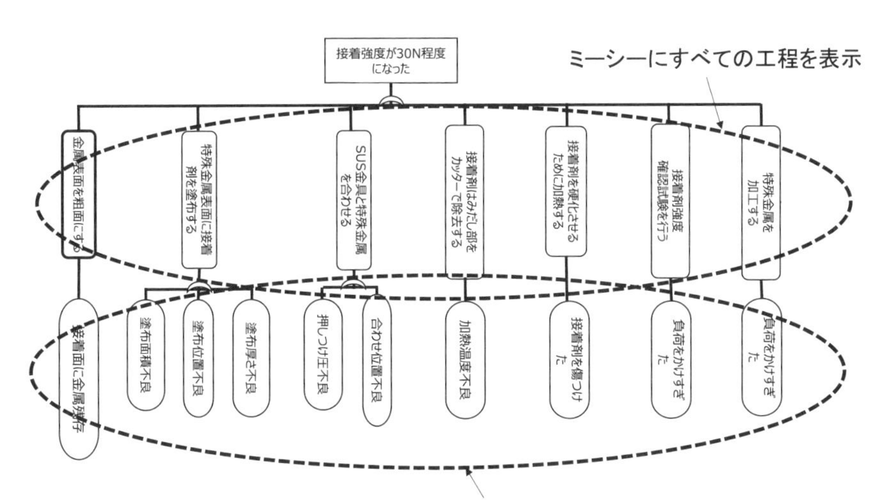

図4.20 これはFTA

連鎖を書き出してみることがポイントです。

4.7.2 文章を書いてからFPAを作る

FPAを作る際は、リーダーおよびチームメンバーがそれぞれストーリーを考え、それぞれが自分の考える問題に至るプロセスを文章で書いて、それをここまで述べたルールに従って図4.11のように図示していき、それをチームで1つのFPAにまとめ上げる、という方法がよいでしょう。

例えば、FPAの説明をしてもらうときに、ストーリーが説明不足である箇所について、「ここのプロセスをもう少し詳細に説明してください」というと、担当者は迷わず詳細なストーリー(事実の連鎖)を即座に説明してくれます。「そのストーリーがFPAなんですよ」と一件落着、となります。これは、担当者が事実(事象)の連鎖をわかっていないのではなく、事実(事象)の連鎖を文章で表現する必要性をわかっていないだけなのです。

「風が吹けば桶屋が儲かる」という諺があります。もちろんこの諺は真理ではないでしょう。しかし、この諺が長く言い伝えられているのは、ストーリーの面白さもありますが、スタートと結論の間を一つひとつ事実でつなぐことで、諺の意外性に対して十分納得性を引き出せている好例だからでしょう。問題解決の際のメカニズム説明の要件を満たしているのです。

FPAはまさに「風が吹けば桶屋が儲かる」のストーリーを体現しているといってもよいでしょう。すぐストーリーの正解が出せるわけではありませんが、そこから他にないかをチームで掘り起こすわけです。このとき、このストーリーの一部を直すのではなく、他のストーリーを考える(気づく)ことが大切です。

4.7.3 問題発生までの事実の連鎖を明確にする

いくつかのストーリーを1つのFPAにまとめ上げる場合、同じ言葉が(同じ時系列で)出てくることがあります。例えば同じ工程をいくつかのストーリーが通るような場合です。そこにそれぞれのつながりを示す線が1つになっ

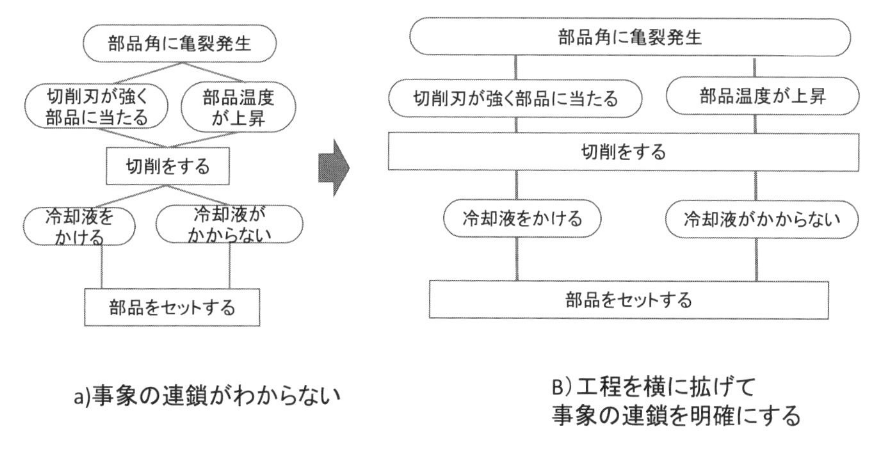

図 4.21　事象の連鎖がわかるように表示する

て入っていくと、その言葉の前後の連なりがあるのかどうかわからなくなります。そこで、この言葉(工程)を長く伸ばしたり、矢印を使って前後の言葉のつながりがどこに行くのか、どちらに行くのかを明確にして行くことが大切です(**図 4.21**)。

4.7.4　時系列を大切にする

事象の連鎖を比較表現していくとき、前後の関係はもちろん、横の事象との関係が重要になってきます。FTA などの原因解析では、横に並んだ項目が解析の階層を表し、ミーシーにその階層のすべてを表していることが大切になりますので、時系列は前後してもかまいません。

しかし、FPA では横に並んだ事象は同じ時期に生じた(生じる可能性がある)事象であることが大切です。FPA の解析を進めていくと、ある事象を想定したときに、そこに至る事象のつながりはそれよりもずっと前に生じているはず、という場合があります。事例 3 でいうと、照明がついていなかったという事象は B 君が入室するより前に起きていたことですので、時系列で表現するときは B 君が入室した時点より前になければならないのです。FPA は事実

(事象)の連鎖を時系列を追って表現する手法ですから、時系列がしっかりわかるように表現しなければならないということです。

4.7.5　長時間繰り返される現象の表現

例えば疲労とか摩耗など、現象によっては時系列に沿って何度も繰り返すことによって進行するものもあります。このような現象をFPAで時系列を守って表現しようとすると、非常に長い、間伸びしたFPAになってしまいかえって事実が見えにくくなります。このようなことを避けるため、長期にわたって同じ現象が繰り返される場合は、**図4.22**のように矢印でループを作って表現します。

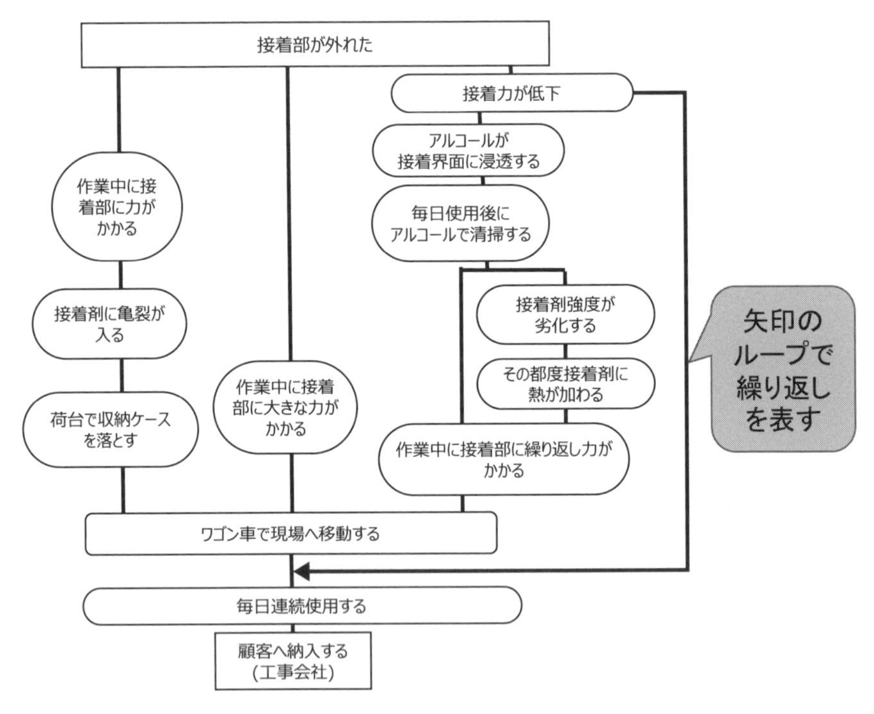

図4.22　「ワゴン車で現場に移動する→…→接着力が低下する」を繰り返す

4.7.6 結果(だけ)を書かず、プロセスを書く

FPA は事実の連鎖を表現します。一方、FTA は前に起きたことが原因、後で生じたことが結果と考えると、FTA で原因を掘り下げるということは結果の連鎖を示しているといってもよいでしょう。それに慣れている皆さんが、FPA で現象の連鎖を表すといっても、まず思いつくのはそこで起きている現象の結果です。それを書き出していくと、図 4.19、図 4.20 に示したように、各工程で起きることの結果だけになってしまいます。そこで、「結果を書かず」と思いとどまって、同時にその結果に至る「プロセスを書く」習慣を身につけましょう。もちろんそのプロセスの最後には、最初に思いついた「結果」が出てきて、それがさらに「その後のプロセス」へつながっていくことになります。

4.7.7 人間が考えたこと、人の判断の扱い

FPA は事実の連鎖を示します。では、その事実の周辺でそれに関わる人々が考えたことは、書くべきなのでしょうか。

ある問題に至るプロセスを考えるとき、そこに人の行為や判断が関わることは当然でしょう。それを無理に除外する必要はありません。現状把握のプロセスで、それに関わった人々に、どう行動したかだけでなく、どう考えて行動したかまでヒアリングするのは大切なことです。その意味でも、人間の考えや判断を FPA に入れるべきです。

しかし、判断のタイミングはずっと前だったなど、時系列を合わせるというとちょっと難しいこともあります。そのときは、その部分だけ引き出して別の FPA で表してもよいでしょう。考えや判断は出ていませんが、事例 3 でフローリング材を置いた経緯のヒアリング結果を別の FPA にしたのと同様です(図 4.17)。

一方、人の問題(考え、判断)を入れ込むことによって「FPA は客観的事実(事象)の連鎖を表すので、『誰が』という責任追及に直接入り込まず、組織を超えて協力する体制をつくりやすい」という利点がなくなるのではないか、と

いう心配もあるでしょう。ここでも、「結果を書かず、プロセスを書く」という精神でFPAを進めれば問題ありません。結果としての「人の判断とか考え」ではなく、プロセスとして必要なところで書くということが大切です。

4.7.8　FPAを文章を理解するために使う

ここまで述べたように、FPAは文章を書くことと密接な関連があります。4.7.2項では、FPAを書く前に文章でプロセスを書いてみるとFPAに移行しやすい、と述べましたが、逆に「文章を理解するためにFPAを使う」こともできます。下記は、ある医療ミスの報告書です(5)。

「医師は医薬品Aを20mg処方していたが(処方箋①)、40mgに増量したいと思い、処方箋②に40mgと記載し薬剤部へおろした。その後医師は40mgではやはり多いと考え、処方箋③に40mg中止と記載し、看護師に手渡した。看護師は薬剤部におろすために処方箋③をクラーク(筆者注：医師の事務作業をサポートするスタッフ)の机の上に置いた。医師はクラーク机の上の処方箋③の40mgに訂正の二重線を入れ20mgと書き直し、このことは看護師には知らせなかった。クラークは処方箋③を薬剤部におろし、処方箋③からの写しを患者別ファイルに入れた。薬剤部は処方箋③から処方箋①の20mgの処方が中止だと思い40mgを調剤した。一方、翌日看護師は処方箋③を処方箋②の40mgが中止で新たに20mg追加と考え，処方箋①の20mgとの合計40mgを投薬する必要があると考えた．薬剤部からの調剤量も40mgで合っていたため、そのまま投与した。」

以上が投薬ミスの報告書です。そして「このミスは医師が処方箋③を変更したことを看護師に知らせなかったことにより、看護師が患者に薬剤を投与するときの患者に関する情報が不足してしまったことで発生した」と結論づけ、「処方内容について医師と看護師の間で共通の認識を持っていること」を対策の方向づけとしています。

この事例に忠実にFPAを描くと、図4.23となります。そうすると、もっと事実を知りたい箇所が出てきましたので、それを吹き出しで記入しました

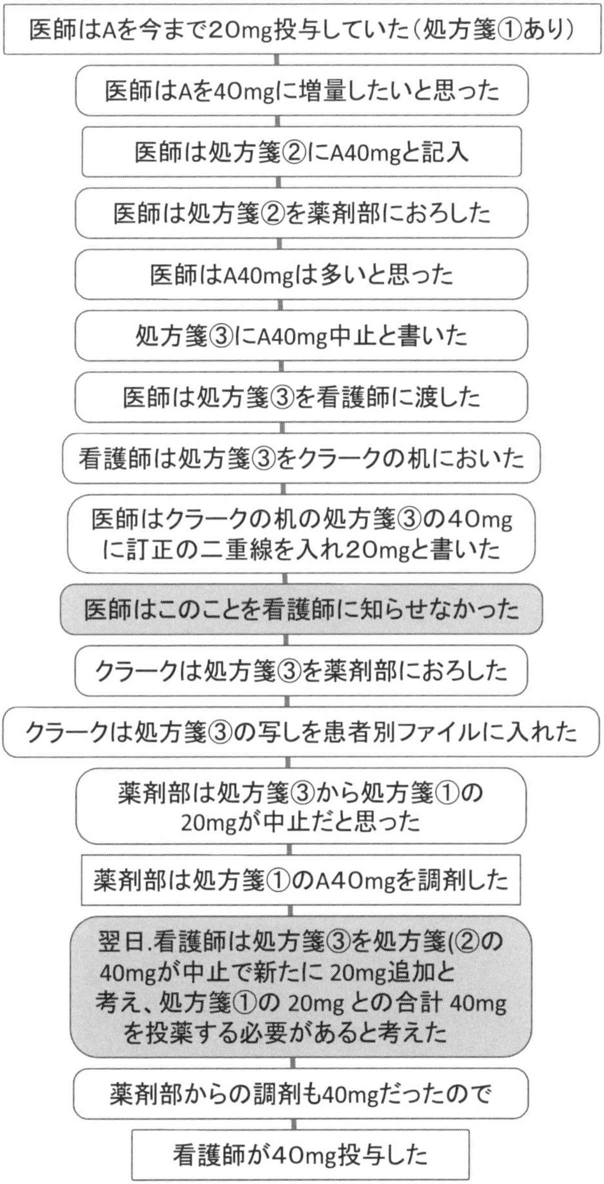

医師はAを今まで20mg投与していた（処方箋①あり）

医師はAを40mgに増量したいと思った

医師は処方箋②にA40mgと記入

医師は処方箋②を薬剤部におろした

医師はA40mgは多いと思った

処方箋③にA40mg中止と書いた

医師は処方箋③を看護師に渡した

看護師は処方箋③をクラークの机においた

医師はクラークの机の処方箋③の40mgに訂正の二重線を入れ20mgと書いた

医師はこのことを看護師に知らせなかった

クラークは処方箋③を薬剤部におろした

クラークは処方箋③の写しを患者別ファイルに入れた

薬剤部は処方箋③から処方箋①の20mgが中止だと思った

薬剤部は処方箋①のA40mgを調剤した

翌日.看護師は処方箋③を処方箋(②の40mgが中止で新たに 20mg追加と考え、処方箋①の 20mg との合計 40mg を投薬する必要があると考えた

薬剤部からの調剤も40mgだったので

看護師が40mg投与した

図 4.23　文章を事象の連鎖（FPA）で表してみる

(**図4.24**)。

ここから先は、筆者がこの事例の調査結果を想像して、FPAを成長・完成させてみた例です。

これらの項目の調査結果でFPAを修正すると**図4.25**のようになります。このストーリーを通して見ると、「このミスは医師が処方箋③を変更したことを看護師に知らせなかったこと」により起きたという単純な問題ではないことに気づくでしょう。この問題はここでは4人の登場人物がいますから、それぞれの行動がわかるように**図4.26**のように表示すると、それぞれの登場人物の関係・行動がわかりやすくなります。

このように進めていくと、最後の看護師の「40mg中止を知っていた」のに、「20mgと20mgを足して40mg投薬が正しいと判断した」という説明も、疑問が湧くでしょう。辻褄合わせの供述と考えられます。そこで、それ以外に想定されるケースも追加しました(図4.25、図4.26)。

医師にインタビューをすると、医師は「一度は40mgを処方しようと思ったが、多すぎるので『40mgを中止』としました。一方これでは『投薬なし』になってしまうと思い、『20mg投薬』と書きました」と話しました。さらに、薬剤部で詳細事実を調査すると、医師が40mg中止を指示した処方箋を、間違いが起きない様にさらに修正ししたことにより、誤解を生むような処方箋になってしまったことがわかりました。看護師はそのような修正は聞いていないと主張していることもわかりました。

このように、FPAを作成してみると、文章を読んでいるだけでは見逃すような、いくつかのストーリーに気づくことができます。この事実の連鎖から学ぶことは、未然防止、つまり気づくチャンスはどこにあったかを明確にし、関係者それぞれが、それに気づくことができるようになることです。1人の悪者を炙り出すことではないのです。上記の論文で、対策を「処方内容について医師と看護師の間で共通の認識をもっていること」と方向づけていることは正しいのですが、それをどのように達成するかの視点で見ると、FPAのほうがはるかにたくさんの視点を提供していることが理解できるでしょう。

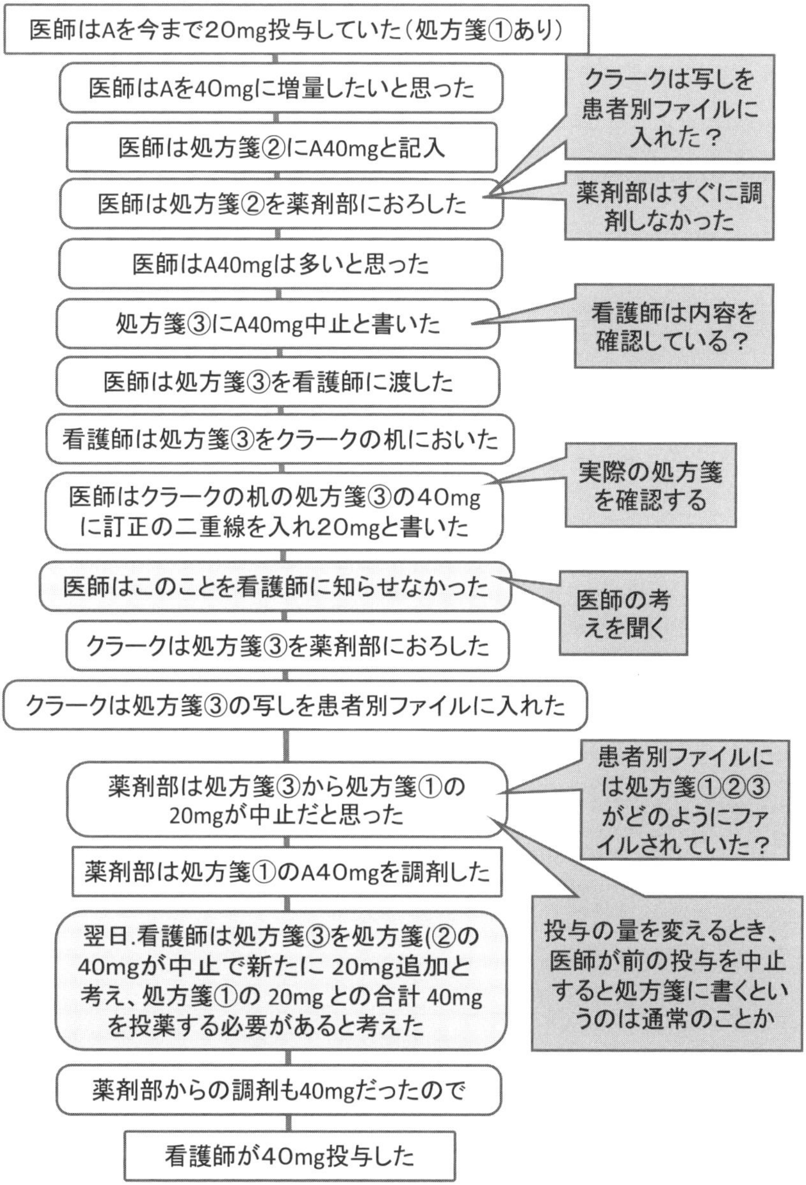

医師はAを今まで20mg投与していた（処方箋①あり）
医師はAを40mgに増量したいと思った
医師は処方箋②にA40mgと記入
医師は処方箋②を薬剤部におろした
医師はA40mgは多いと思った
処方箋③にA40mg中止と書いた
医師は処方箋③を看護師に渡した
看護師は処方箋③をクラークの机においた
医師はクラークの机の処方箋③の40mgに訂正の二重線を入れ20mgと書いた
医師はこのことを看護師に知らせなかった
クラークは処方箋③を薬剤部におろした
クラークは処方箋③の写しを患者別ファイルに入れた
薬剤部は処方箋③から処方箋①の20mgが中止だと思った
薬剤部は処方箋①のA40mgを調剤した
翌日.看護師は処方箋③を処方箋(②の40mgが中止で新たに 20mg追加と考え、処方箋①の 20mg との合計 40mg を投薬する必要があると考えた
薬剤部からの調剤も40mgだったので
看護師が40mg投与した

クラークは写しを患者別ファイルに入れた？
薬剤部はすぐに調剤しなかった
看護師は内容を確認している？
実際の処方箋を確認する
医師の考えを聞く
患者別ファイルには処方箋①②③がどのようにファイルされていた？
投与の量を変えるとき、医師が前の投与を中止すると処方箋に書くというのは通常のことか

図 4.24 いろいろ調べてみたくなる

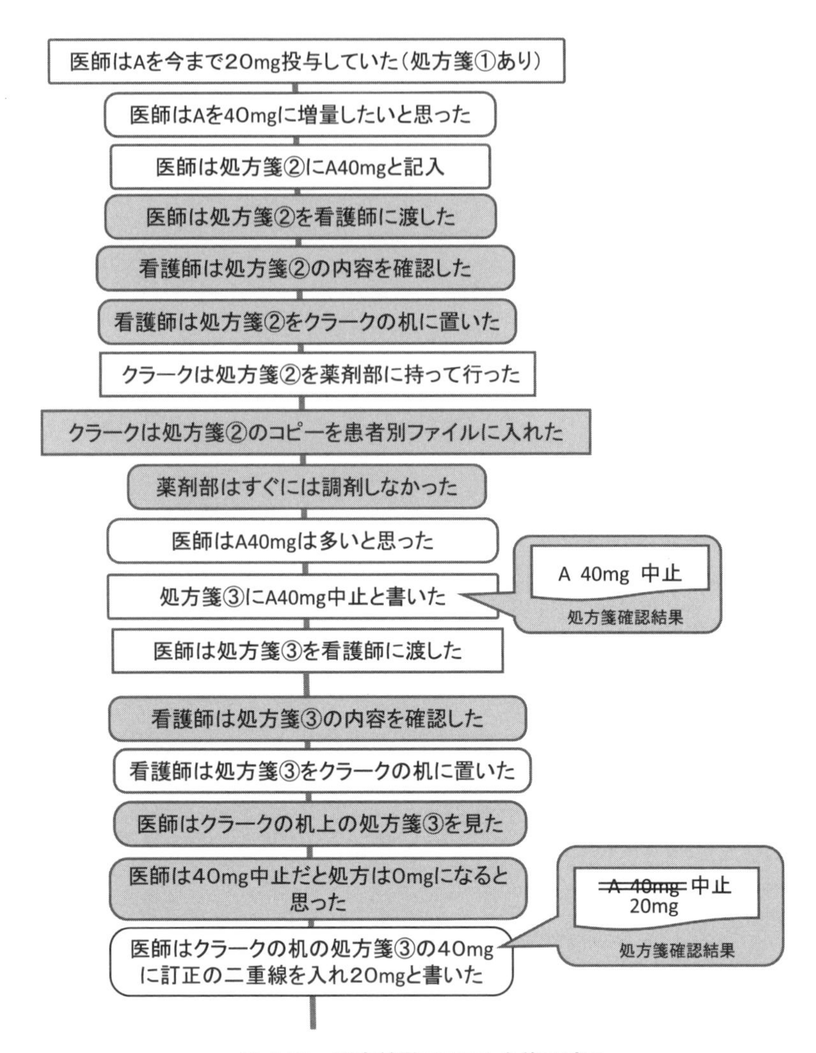

図4.25　調査結果でFPAを修正する

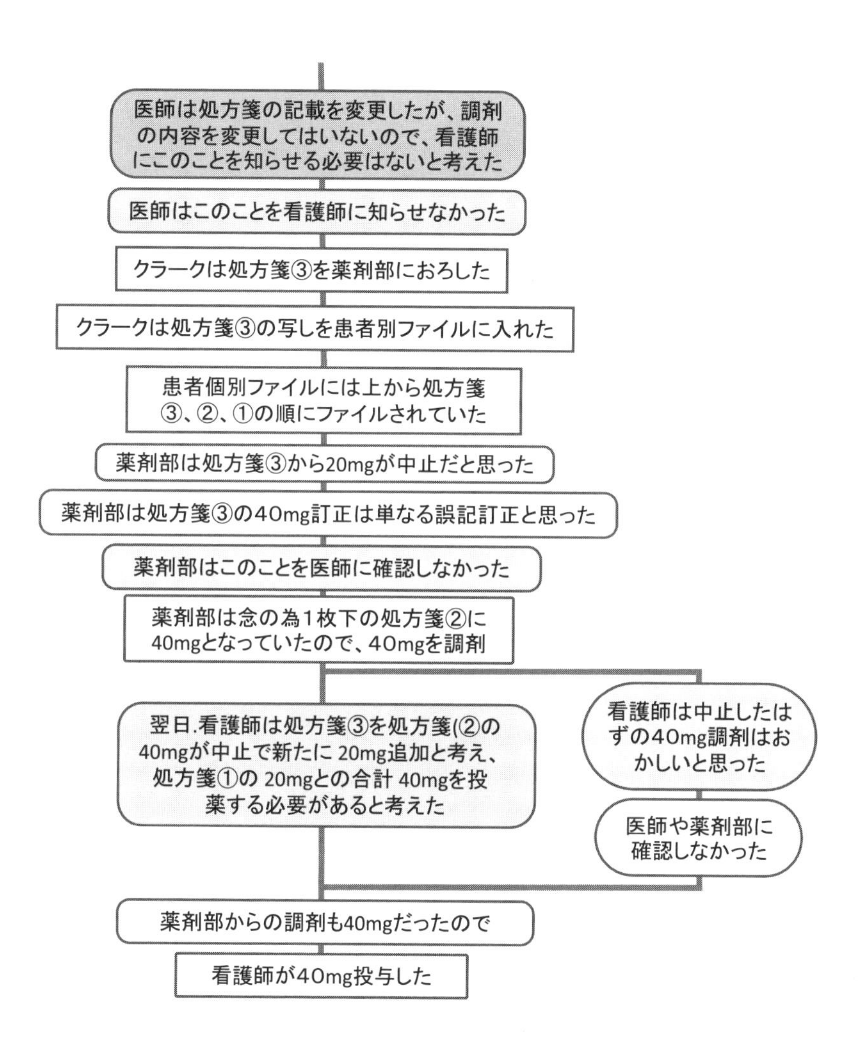

図 4.25　調査結果で FPA を修正する（つづき）

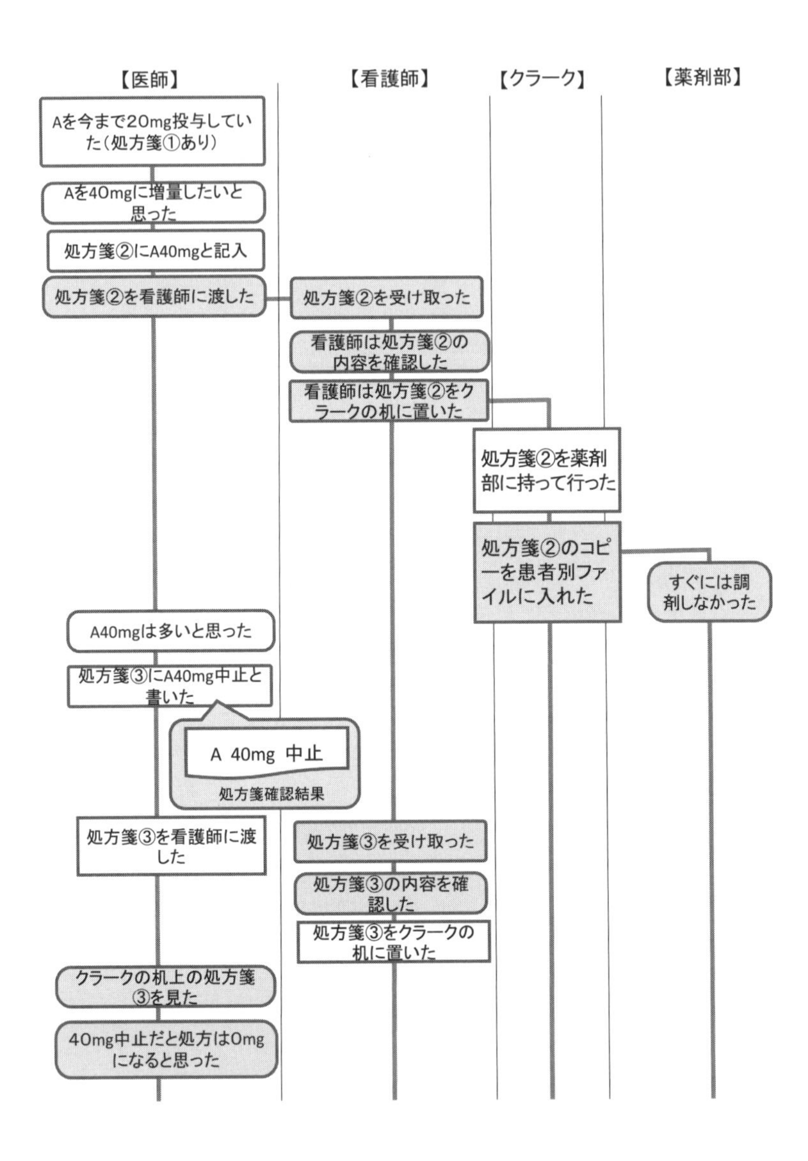

図 4.26 登場人物ごとに FPA を表す

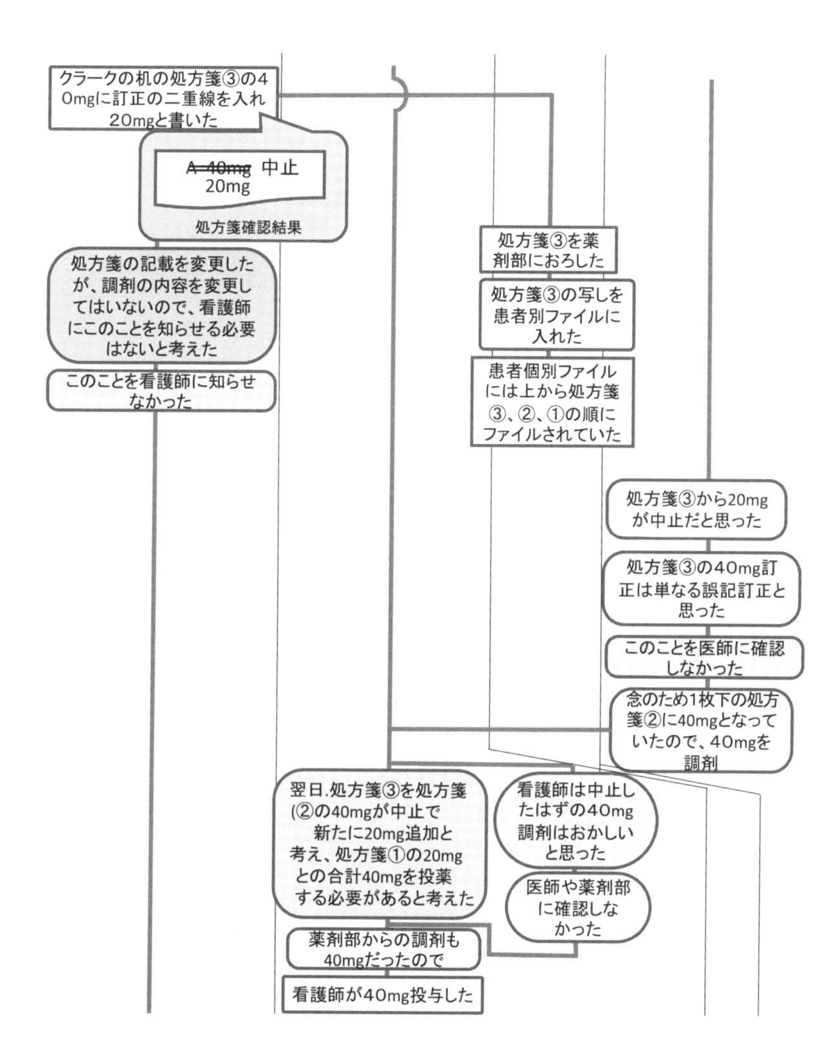

図 4.26 登場人物ごとに FPA を表す(つづき)

このように、FPAを作成する際にストーリーを文章で書いておくことも効果的ですが、報告書などの文章についてFPAを作成してみて、その報告書の問題点を明確にして付加価値をつける(もっとよい報告にする)こともできるということです。

参考までに、この事例は医療界の問題ですが、製造業の世界でも同じことがたくさん起きている好事例です。つまり、医師はよかれと思って行動したことに潜んでいた問題に誰も気づこうとせず、また誰もそれを疑問に思わず仕事を進めたことによって起きた問題です。医師を設計者、看護師、調剤部を後工程の人々(生産技術、製造など)と置き換え、この問題は図2.3のCの部分で起きたと考えると、まさに問題解決や創造的未然防止の対象になるのです。

4.7.9　FPAを「事実の調査」と結びつける

FPAのルートと具体的な「事実の調査」を結びつけること、GD^{3}のGood Dissection：現地現物の行動に結びつけることが大切です。

FPAを描くことが目的になり、完成したら「できた」といって安心してしまうのでは意味ありません。肝心なのはFPAをどう使うかです。

例えば「調査項目を吹き出しで入れよう」というとき、どこの項目にも「現物調査」とか「工程記録確認」という言葉しか並ばないのでは、事実を詳細に調査することに結びつきません。「現象の連鎖」には、連鎖の「前」・「途中」・「結果」の姿が現物に示されています。しかし、一般的な原因解析では、最後の現象の結果と連鎖の一番前(原因)を見るだけです(図4.14)。

例えば、事例1では、現物調査の写真は、すべての連鎖の「結果」を示しているだけです。また、工程記録(アラームの発報)を調べることは、メッキ剥がれという事実の連鎖の前に「そのことがあったという情報がある」ことになります。この情報と結果を結びつけるために多くの人は「再現試験」を行います。つまり、前の情報(アラームの発報)と結果(メッキ剥がれ)を結びつけることができればそれでよいと考え、両者を結びつける再現試験をやろうとするのです。再現試験ではそのようなことをやればそのような結果になるということを示しているだけで、それが原因だとはいえないことは図 1.9 で示したとおりです。途中で作業者がどのようなプロセス(作業方法など)で作業したかなどは、どうせわかりようがないと考えているのでしょう。これが、原因解析の弱点です。

FPA で事実の把握を行うことは、このプロセスの前・途中・結果の事実をプロセス細部で丁寧に事実を把握するのがねらいです。もしそれができれば、再現試験を行わなくても問題のプロセスを特定し、対策を行うことはできるでしょう。

第 5 章
FPA の使い方

5.1 事例 4 ：パーツの接着剥がれ

本章では、FPA を中心に据えて GD^{3}問題解決プロセスを進める方法を、事例を使って説明します。

5.1.1 事例の概要

パーツメーカー O 社(M 型)がセラミックスを保持器に接着したパーツを製作し、それをシステムメーカー P 社(M 型)に納入します。P 社はセラミックスの細部加工を行い、それをシステムに組み込みます。D 社(A 型)はそのシステムを組み込んだ製品を製作し、お客様に提供します。このようなサプライチェーンを構成していました(**図 5.1**)。

このプロセスの詳細は以下です。

- セラミックスパーツと保持器の細部設計は P 社が行い、その製造を O 社に依頼しました(**表 5.1**)。
- パーツメーカー O 社はセラミックスのパーツと保持器を作製し、両者を接着剤で固定します。そのパーツ 11 個のロットから 1 個を抽出し、300N の負荷をかける検査を行い、合格したもののロットだけをシステムメーカーに出荷していました。300N は O 社の試作品で試験を行った結果から P 社が決定した値です。

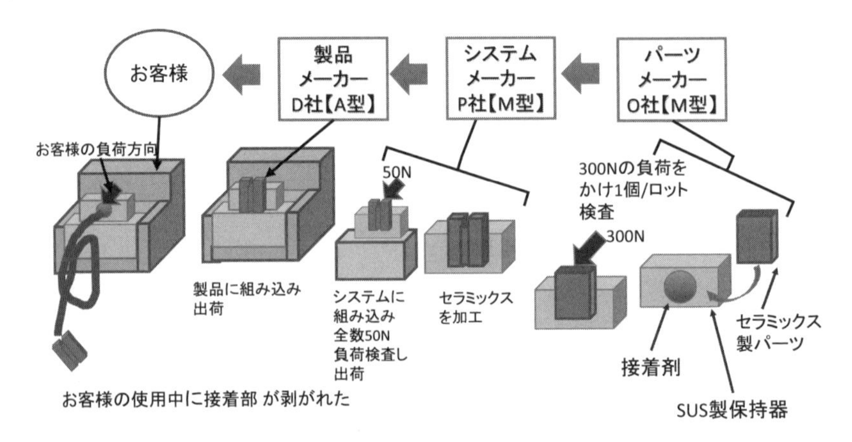

図 5.1　事例 4 のサプライチェーン

表 5.1　サプライチェーン各社の役割

会社	設計	製造	備考
D社（製品メーカー）	製品全体の設計	P社のシステムを製品に組み込む	製品を販売
P社（システムメーカー）	システムの設計（セラミックスパーツと保持器の細部設計）	セラミックスの加工とそれを組み込んだシステムの製造	
O社（パーツメーカー）	―	セラミックスの保持機への接着	

- システムメーカーＰ社ではセラミックに細部加工を施し、それをシステムに組み込み、製品メーカーに提供します。その間システムの作動に関するテストを行い、さらに出荷時セラミックスパーツ全数に 50N の負荷をかける検査を行い、合格したものだけを製品メーカーに納入します。50N は市場での操作負荷からＤ社が要求値として決定した値です。
- 製品メーカーＤ社では製品の作動確認は実施していましたが、セラミックスパーツに直接負荷をかけるような出荷検査はしていませんでした。

5.1.2　問題の発生

あるとき、D 社から「お客様の使用中に、多数のパーツの接着が剥がれた」という情報が P 社に入り、問題のパーツが 4 個返却されました(GD^{3}問題解決の趣旨からは、お客様の第一報を受けてすぐ対応するのが原則ですが、ここでは実際の問題に倣って、ある程度の数の問題が起きてから対応した事例を用いました)。

5.1.3　最初の FPA の作成

このような場合、もしあなたが P 社の品質担当だったら、どのような行動をとるでしょうか。まず、接着を依頼している O 社と、設計を担当した自社の設計者に同時に情報を伝えるでしょう。その瞬間から、関係者間で FPA をベースに協力して問題解決にあたるのが GD^{3}問題解決の基本的考え方です。

そこで D、P、O 3 社がそれぞれに FPA を作成し、それを持ち寄って 3 社で議論を行うことにしました。

O 社のリーダーは、自社内で**図 5.2** のような FPA のベースを作りました。これに対して O 社のチームのメンバーは、**図 5.3**、**図 5.4** のような他の現象のルートを提案しました。これら 3 つを組み合わせると**図 5.5** のような FPA ができます。また、これに調査すべき項目を書き入れると**図 5.6** のようになります。

これら最初の FPA は、この時点は問題の第一報が入った時点ですから、可能性がある事象がすべて描かれていなければならないというものではありません。リーダーの考え以外の 2 ～ 3 ルートが示されていることで、リーダーの先入観など、何かに偏らない形で調査が開始できればよいのです。

D 社・P 社も、それぞれの工程での FPA のベースを作成し持ち寄りました(**図 5.7**、**図 5.8 右**)。さらに、D 社はそれまでに得ていたお客様の使用方法情報をもとに、お客様の使い方の FPA のベースを作り、3 社で調査項目を書き入れました(**図 5.8 左**)。

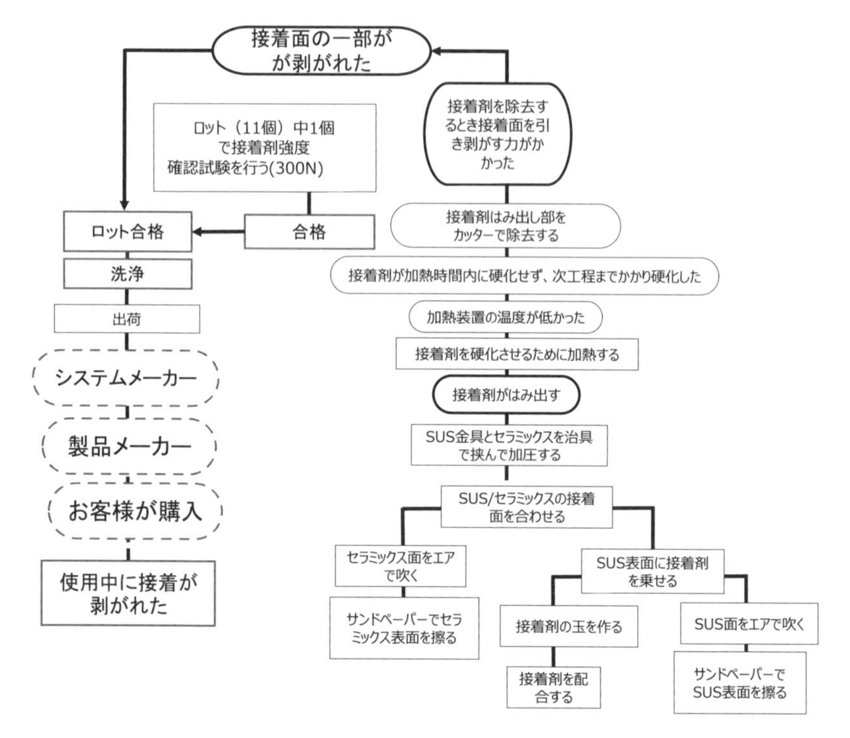

図 5.2　最初に O 社リーダーが考えた FPA

これらの FPA をベースに、各社細部の調査をお互いに連携をとりながら開始しました。なお、市場の調査は D 社だけでなく、3 社共同で行うことにしました。それぞれの会社が、お客様の姿を直接知るチャンスだからです。

各社の調査結果を FPA に書き入れ、必要なら FPA の修正を行い、次の調査内容を明確にしていきます。

以下、FPA を使って GD^3問題解決プロセスを進める様子を事例 4 を用いて説明します。なお、GD^3問題解決は、事象の連鎖を使って細部の事実を発見していくことが特徴ですが、紙面の都合で実際の細部まで書ききれないところがあることはお許しください。

2.2 節で述べた GD^3問題解決のステップを再掲します。このステップに沿っ

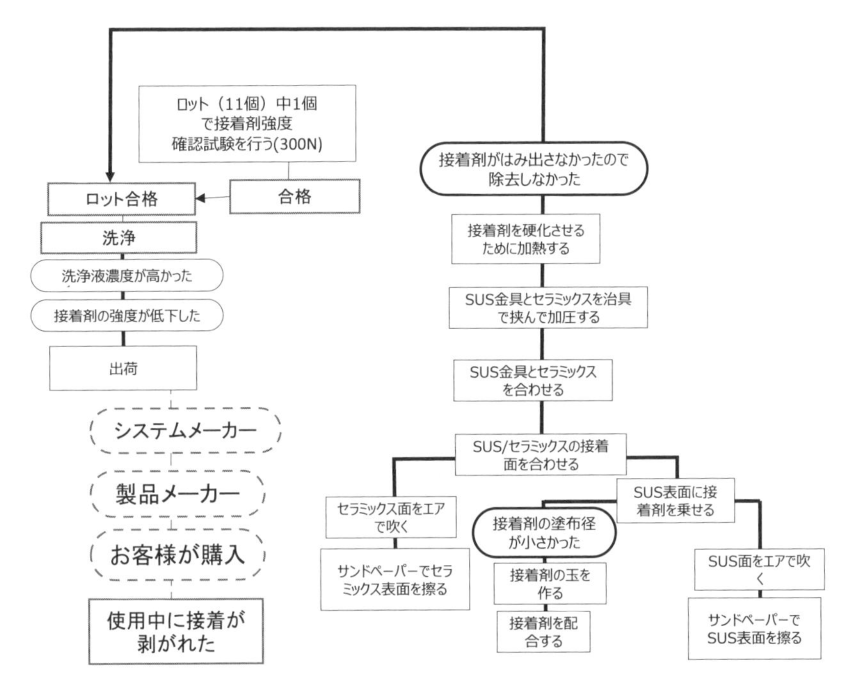

図 5.3　O 社メンバー 1 が考えた FPA

て事例で解説します。

0．問題の発見(5.1.2 項で説明済み)
1．事実の発見(5.1.3 項で説明済み)
2．暫定対策
3．調査・再現試験
4．不具合発生のメカニズムの特定(原因の発見)
5．本対策の発見
6．対策実施
7．対策結果のフォローと振り返り
8．再発防止の発見

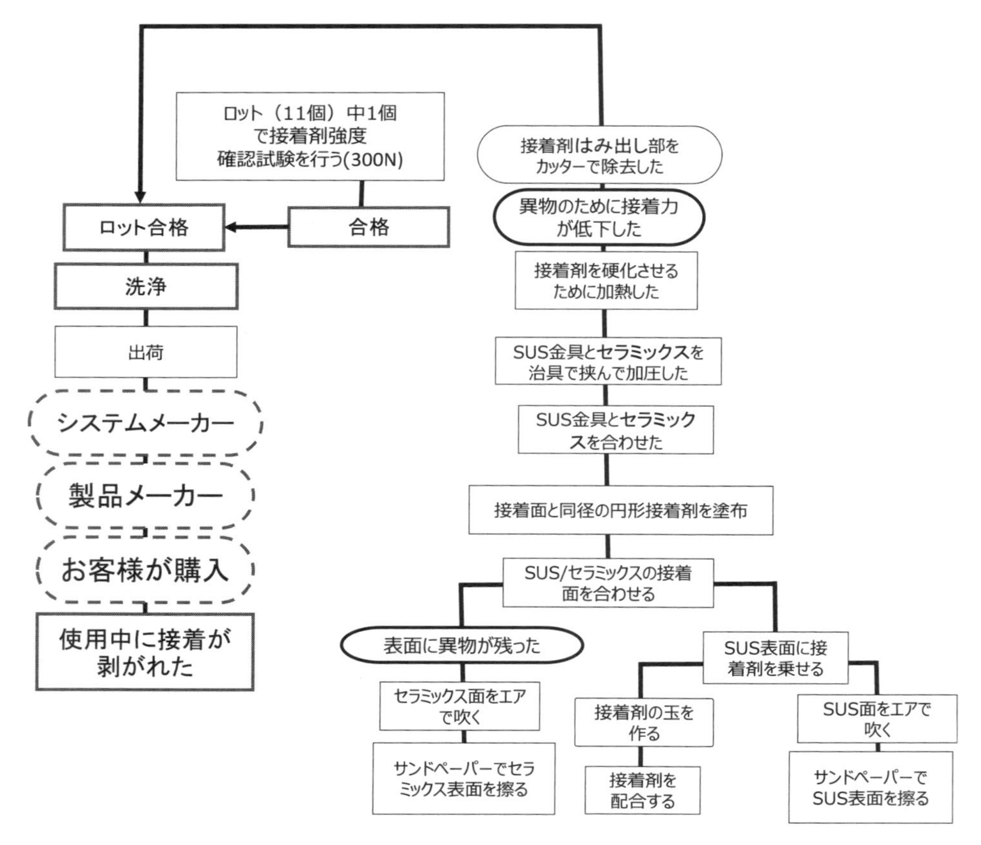

図5.4　O社メンバー2が考えたFPA

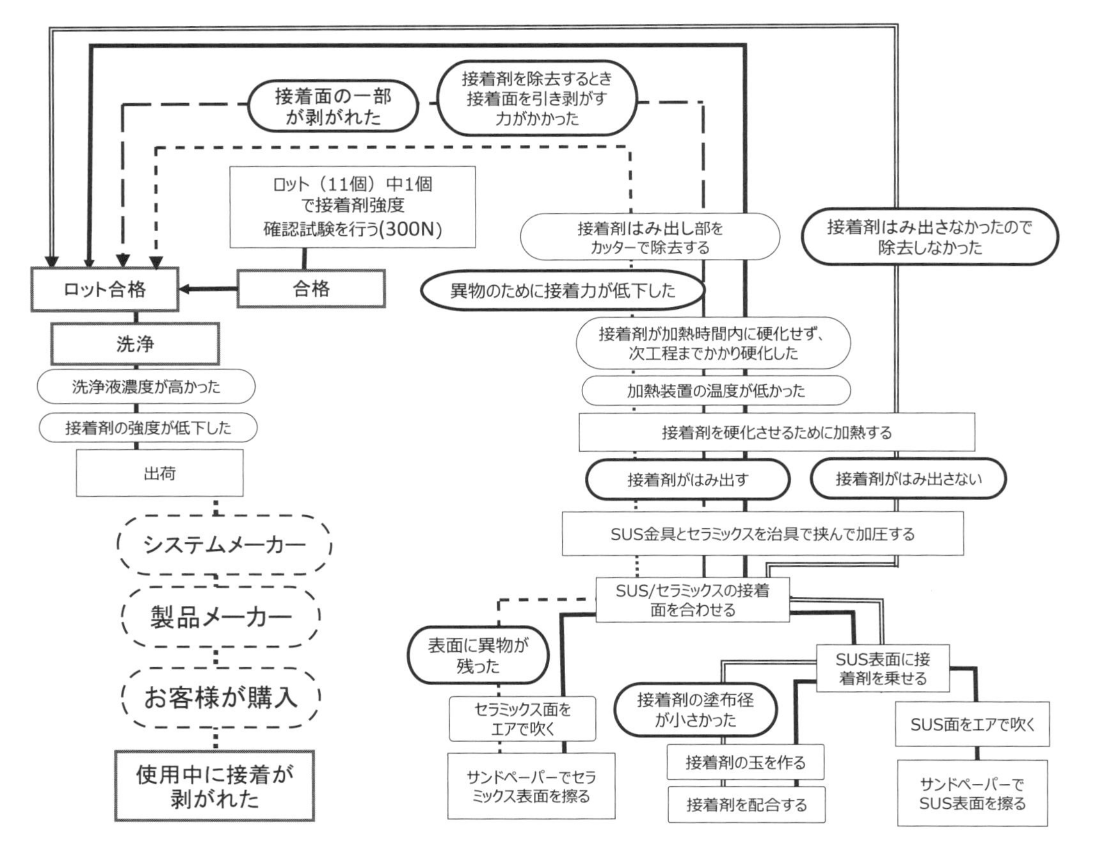

図5.5　O社の3つのFPAを合わせる

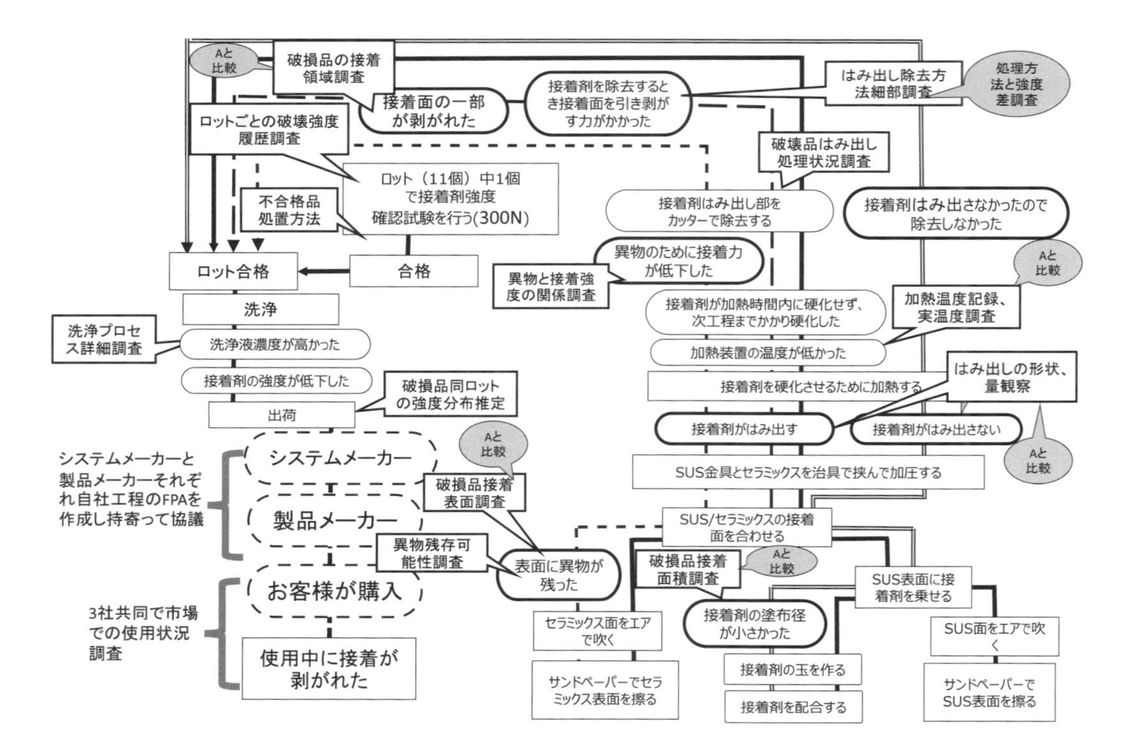

A:不具合がなかった時期との比較

図 5.6　O社 FPA と調査計画

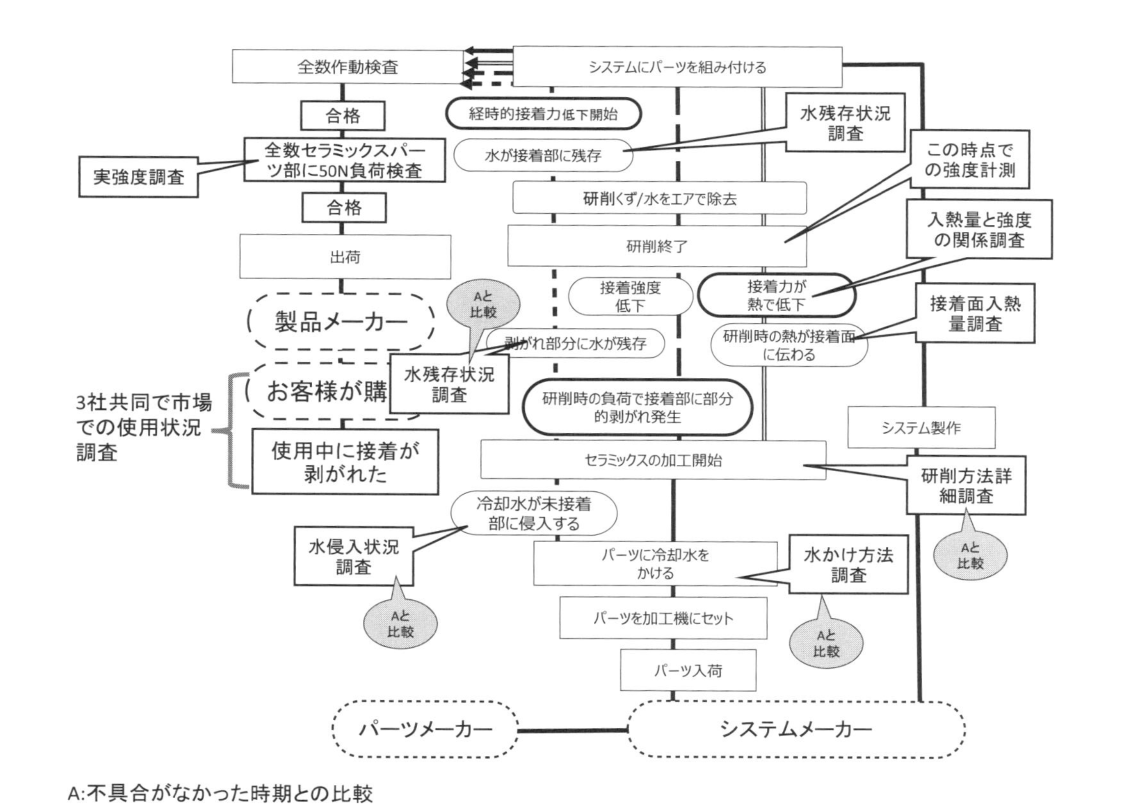

図 5.7　P社FPAと調査計画

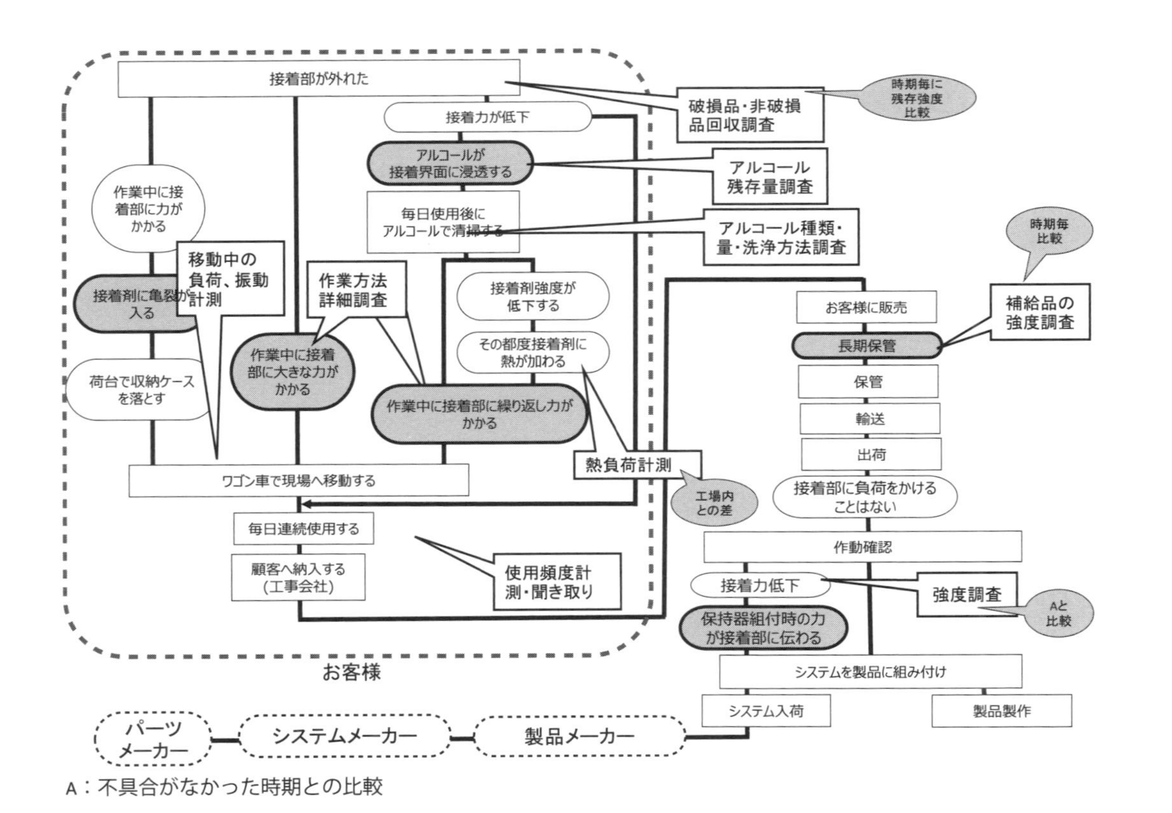

図5.8　D社および市場FPAと調査計画

5.2 暫定対策

問題の第一報を受けた部署の上司(通常部長以上)が、その場で決断するのが暫定対策です。なぜ担当者ではなく上司が暫定対策を決めるのでしょうか。暫定対策は、一言でいうと、問題の発生を止めてお客様に迅速な対応で応えるためのものです。問題解決担当者は問題解決に専念するべきだからで、暫定対策は上司が行うものだからです。詳細は拙著『発見力』[1]で説明していますので、そちらをご覧ください。

第一報の報告の場には、最初のFPAと、問題発生の状況などに関する情報を準備します。また、可能であれば問題が発生した現品も用意します。

暫定対策は、FPAで想定されたストーリー(事象の連鎖)のどれが正しいかわからない段階で判断をしなければなりません。しかし、最初のFPAにはチームメンバーが起こり得ると考えたいくつかの事象の連鎖が示されています。多くの連鎖が通る場所、あるいは問題発生箇所の偏り(1つのラインだけから発生しているなど)に着目して暫定対策を行います。

例えば、検査のプロセスは必ず通るプロセスです。検査の仕方を暫定的に変えるのも、暫定対策になります。事例4では、D社はこの問題に関する出荷検査をやっていないので、負荷検査を暫定的に行うとか、P社の出荷検査の基準を50Nから暫定的に100Nに変更するとか、接着の検査を暫定的に10個に1個から5個に1個にするといった対策が考えられるでしょう。

ここで、事例4の場合、第一報ではなく、問題が市場で発生してしまってからの対応であり、市場での問題発生状況が**図5.9**のようにわかっているとします。図5.9から以下の2つの傾向が読み取れます。

① 量産開始後6カ月以内の製品は2年近く経っても、問題が発生していない。

→量産開始後6カ月以内の製品および工程を調べて、その状態に戻す。

② 市場に出荷してから6カ月以上経ってから問題が発生している。

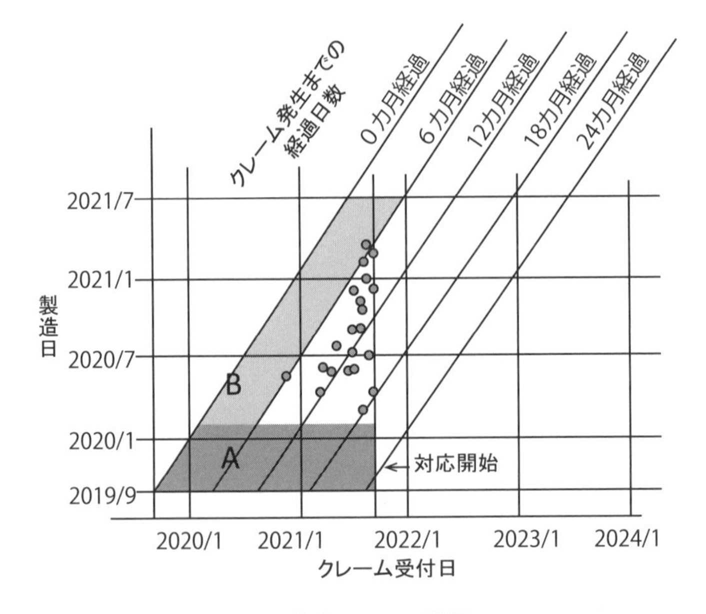

図5.9 市場クレーム状況

→接着強度の劣化、あるいは接着の疲労破壊が想定される。

市場での劣化要因を含んでいると考えると、単に工程の問題としてではなく設計に遡って対策を考えなければならないことが多いでしょう。設計のチームの早期の参画が必要になります。

また、上司は暫定対策を決定すると同時に、①②のような方針を示し、期限を決めて対策を行うよう指示することも大切です。担当者とチームメンバーはその方針に従って、FPAを成長させながら事象の連鎖を確定していき、本対策に向かって問題解決を進めます。

5.3 調査・再現試験

5.3.1 調査・再現試験の位置づけ

FPAと調査は密接に関連しています。FPAは調査の計画であり、調査の結果FPAを成長させて、次の調査計画が示され、最終的に、正しいメカニズムに到達するといえます。

なお、一般的に「調査・再現試験」と対にして表現されることが多いので、本書でも「調査・再現試験」と表現していますが、調査と再現試験はまったく違う側面をもっていることに注意しなければなりません。調査は事実を発見するために行われる行為ですが、再現試験は事実に似た状況(結果)が再現するかどうかを試験しているだけで、それが事実として起きていたと言う証明にはならないことは、**1.4節**で述べました。事実の調査を行わない代わりに再現試験で結論を得ようとするのは、現地現物の必要性を理解していないと言わざるを得ません。

例えば、事象の連鎖で、AとBのどちらの連鎖を通ったのか、その時点では調査をすることが不可能な状況になっていたとき、限定的にその状況を再現させて観察し、その観察結果を問題の事実と比較することは有効な試験です。これを再現試験というかどうかは注意が必要ですが、調査の一環として試験を行うことは有効で、大切なことです。それを「再現」ということを主目的にして「再現試験」というと、それが原因だという間違った結論に導くことになってしまいます。

図5.6〜5.8に示したように、どのような調査(再現試験を含む)をするか、それを何と比較するのかをFPA上に吹出しで具体的に示します。ここで示した調査項目は、それだけを調査すればよいというものではなく、あくまでも徹底的調査のきっかけをつけるもので、気づきを引き出すためのものと考えたほうがよいでしょう。調査結果をFPAに記入しながら、さらに次の調査をどのように進めるかの方針、気づいた新たな事象の連鎖を書き加えます。これを繰り返し、最終的に正しいメカニズムに到達させるのが調査・再現試験であり、GD^3問題解決の最も重要なプロセスといってもよいでしょう。

5.3.2 工程の記録だけでは原因かどうか判断できない

調査の結果、ある事象の連鎖のルートを通った痕跡がないことが明白になった場合、FPA上に×を記入しますが、決して、その事象の連鎖のルート自体を消してはなりません。後日事象の連鎖を振り返る場合、どのように考えたかの重要な記録になります。さらに再発防止の場合、直接の原因でなくても対策すべき重要な鍵を引き出せる場合があるからです。

例えば、「製造工程で何かの問題が起きた、あるいは起こったと指摘された」問題では、多くの人は、まず工程の記録を調べるでしょう。そして、記録に問題(規格を外れている)がなければ、その工程では問題がなかったとして、原因候補から外すでしょう。しかし、記録を調べることはもちろん大切ですが、問題は図2.3のCの目標で規定されていないところで起きているのですから、工程の記録に問題がなかったからといって、その工程が問題の発生に連なる事象をもっていないとはいえないのです。せっかくFPAを描いても結局安易に工程の記録から×をつけてしまうのなら、FPAを描く意味がないのです。印をつけるなら△であり、×ではないのです。

5.3.3 FPAを成長させていく

最初のFPAを作成し、×をつけて絞り込んでいくだけでは、最初に考えたことから外に出た発見がありません。もちろん、そこに事実のプロセスが示されていればそれでもよいのですが、簡単にはそうはなりません。すぐに結論が出たら、むしろ大きなことを見逃していると考えてもよいでしょう。大切なのは常にFPAを成長させること、具体的には調査結果について議論してさらに細部のプロセスに目を向けるとか、まったく他の事実のルートをチームで発想することを繰り返すといったことです。

このとき注意が必要なのは、必ず結果がどうなるか、事象の連鎖の結果がどうなるかを予想して調査に入ることです。もちろん、調査の結果、考えていなかった事象の連鎖を思いつくこともあるでしょう。しかし、手当たり次第調査して、後追いでFPAを修正していったのでは、FPAが役立っているとはいえません。一方、FPAを見て議論するだけでは事実を見ているわけではなく、現地現物とはいえません。FPAを壁に貼って、メンバーはその前で、差に注目(Good Design)しながら、ものを観察(Good Dissection)し、議論(Good Discussion)し、新たな気づきを引き出し、FPAを成長させるというのが、理想的な形といえるでしょう。もちろん、そのようにうまくはいかない状況は数多くあるでしょうが、FPAが後追いの結論を記入するだけの帳票にならないように常に気づきを引き出し、次のステージを考える気持ちは大切です。現在なら、Web会議システムで共有するということもあるでしょう。ここで大切なことは、気づきを引き出すGood Discussionをどのように行うかです。同じものを皆が見るだけでは、Good Discussionにはなりません。共有できたとはいえないのです。

共有とは、一方的に伝達することではありません。FPAは状況を説明するため(伝達)の手法ではなく、情報を共有し、GD^3を実践し、気づきを引き出す手法であることを忘れてはなりません。早く結論を引き出したいという気持ちが、気づきの邪魔をします。GD^3を徹底的に行う習慣が大切になります。

図5.6～図5.8のFPA(最初の調査計画)に従って調査した結果をFPAに記載していきます(**図5.10～図5.13**)。ここでも細部の結果が重要ですので、FPAには概要を示して、細部は別紙に示せばで問題ありません。きちんと細部の結果を記録に残し共有することが重要です。なお、別紙の情報など、紙面の都合ですべて掲載することはできませんでしたので、次のステップに行くときに鍵になることだけを記載し、他は「(別紙)」や「…」と表記しています。ご了承いただければと思います。

このようなプロセスを繰り返しながらメカニズムの特定に結びつけていきます。

この事例では、対策に向けた行動を決めた段階で市場調査を3社で実施しています。この時点で、すでに21件の問題が発生しており、対策実施の決断が遅いのですが、逆に調査対象を多く取れたという利点もありました。

図5.9で示したように、製品を投入した2019年9月から2021年2月までの6カ月(A期間とする)は市場で剥がれが起きておらず、さらに各製造ロットとも、お客様の手に渡ってから6カ月(B期間)は剥がれが起きていないという

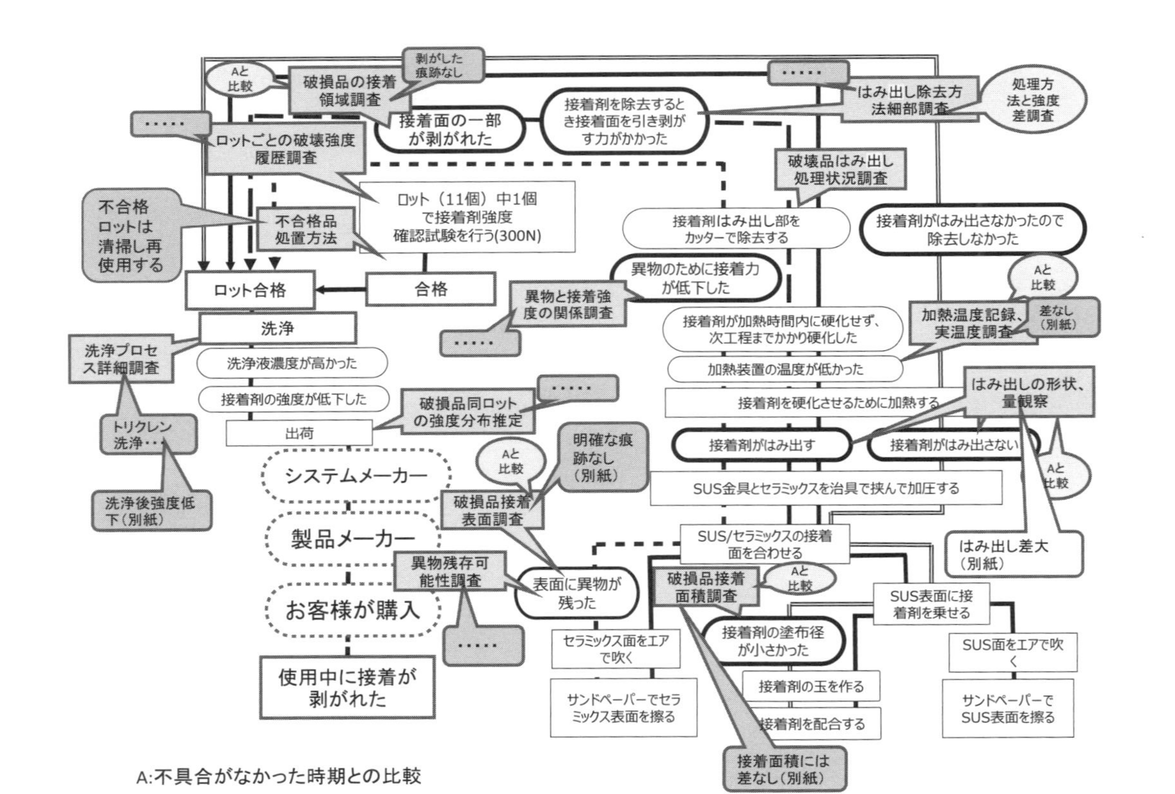

使用中に接着が剥がれた
お客様が購入
製品メーカー
システムメーカー
出荷
接着剤の強度が低下した
洗浄液濃度が高かった
洗浄
ロット合格
合格
ロット（11個）中1個で接着剤強度確認試験を行う(300N)
接着面の一部が剥がれた
接着剤を除去するとき接着面を引き剥がす力がかかった
接着剤はみ出し部をカッターで除去する
異物のために接着力が低下した
接着剤が加熱時間内に硬化せず、次工程までかかり硬化した
加熱装置の温度が低かった
接着剤を硬化させるために加熱する
接着剤がはみ出す
接着剤がはみ出さない
接着剤がはみ出さなかったので除去しなかった
SUS金具とセラミックスを治具で挟んで加圧する
SUS/セラミックスの接着面を合わせる
表面に異物が残った
セラミックス面をエアで吹く
サンドペーパーでセラミックス表面を擦る
接着剤の塗布径が小さかった
接着剤の玉を作る
接着剤を配合する
SUS表面に接着剤を乗せる
SUS面をエアで吹く
サンドペーパーでSUS表面を擦る
破損品の接着領域調査
剥がした痕跡なし
ロットごとの破壊強度履歴調査
不合格品処置方法
不合格ロットは清掃し再使用する
Aと比較
……
洗浄プロセス詳細調査
トリクレン洗浄…
洗浄後強度低下（別紙）
破損品同ロットの強度分布推定
異物と接着強度の関係調査
明確な痕跡なし（別紙）
破損品接着表面調査
異物残存可能性調査
破損品接着面積調査
接着面積には差なし（別紙）
破壊品はみ出し処理状況調査
はみ出し除去方法詳細部調査
処理方法と強度差調査
加熱温度記録、実温度調査
差なし（別紙）
はみ出しの形状、量観察
はみ出し差大（別紙）
A:不具合がなかった時期との比較

図5.10 O社調査結果

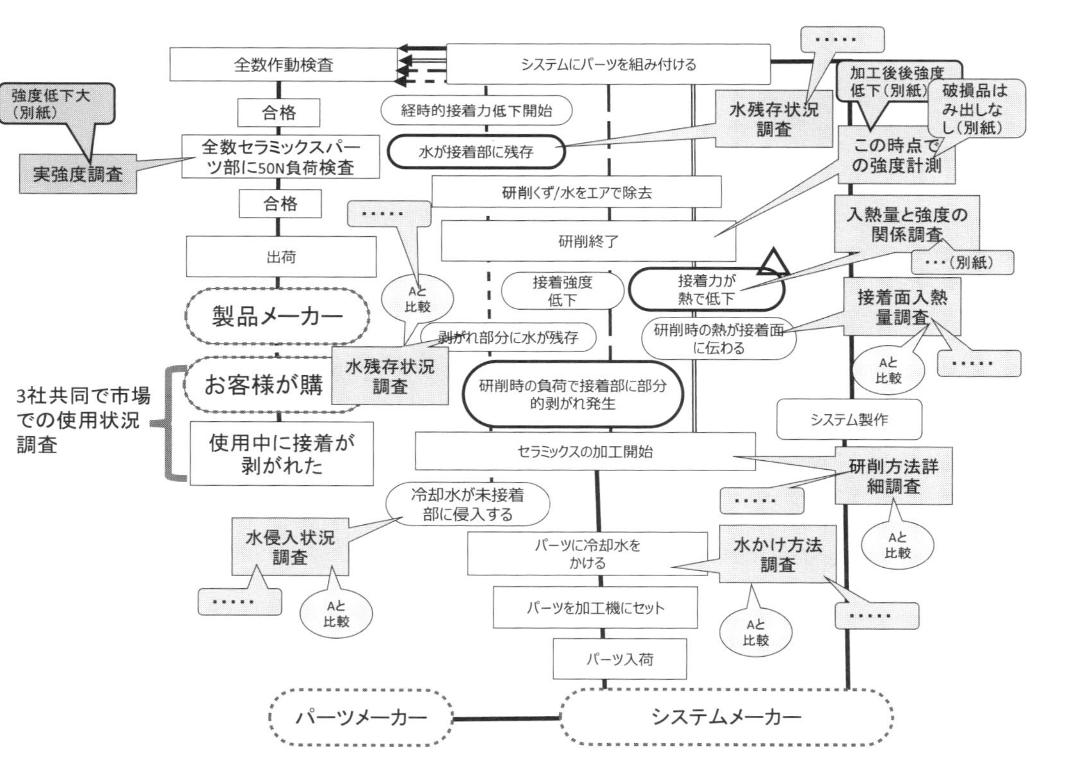

図 5.11 P社FPAと調査結果

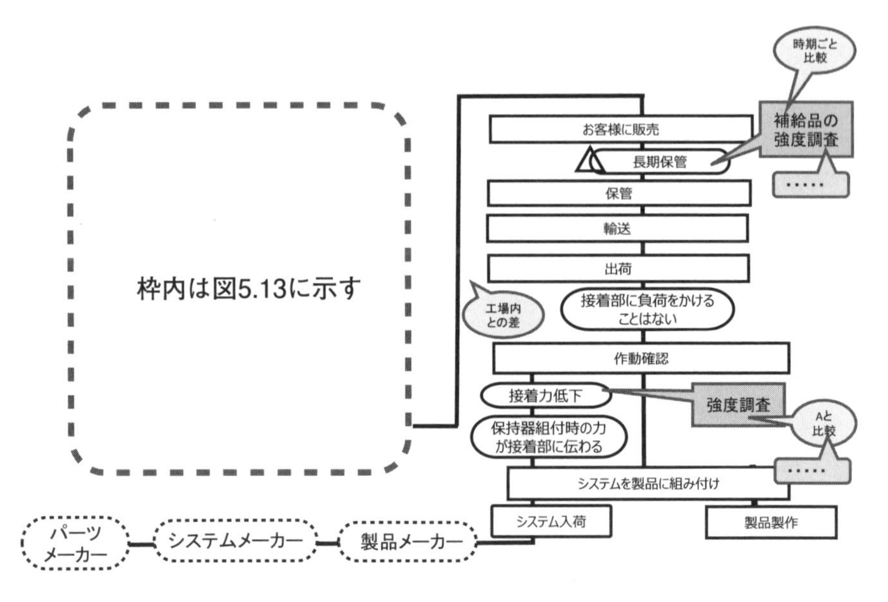

図5.12 D社調査結果

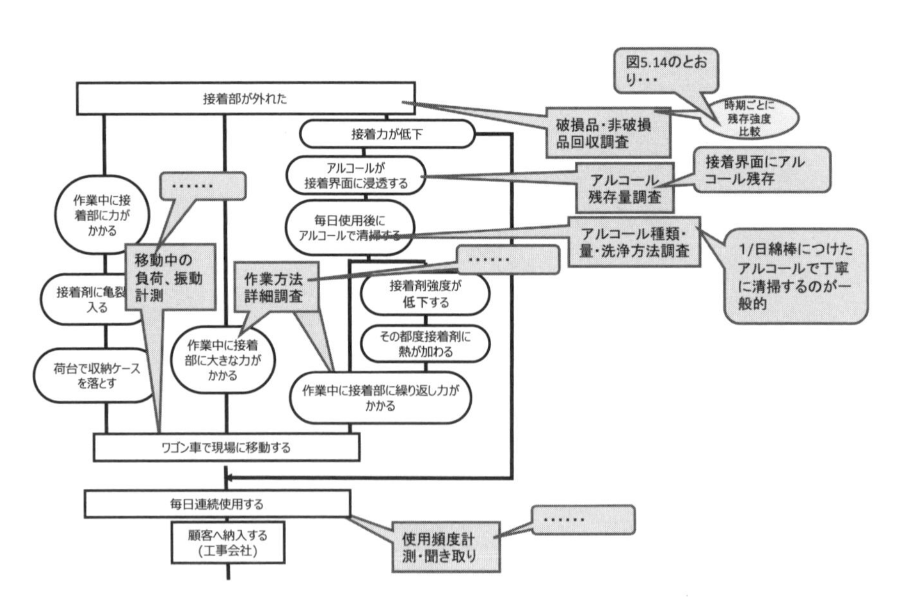

図5.13 お客様の使用状況調査結果

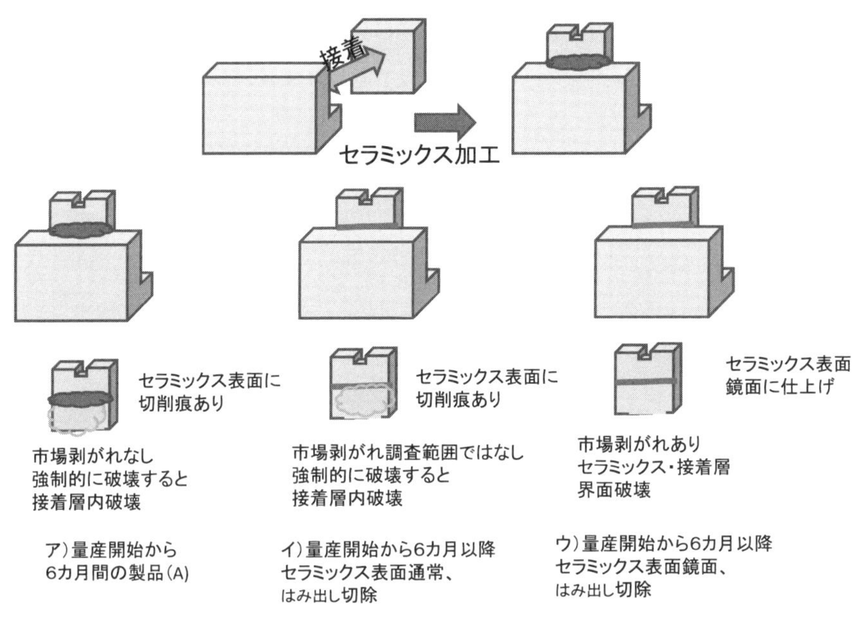

図 5.14　市場調査結果

特徴がありました(図 5.9)。まず、最初の A 期間は 2 年経過しても市場で剥がれが起きていません。それに該当するものを市場から回収してみると、**図 5.14** のように、接着剤のはみ出しがあり、一方で 2021 年 2 月以降のものは接着剤のはみ出しを処理してあることがわかりました。O 社の工程も接着剤を処理する工程を通ることになっていましたので、接着剤を処理しない工程から処理する工程に変更された経緯を調べ、FPA に表しました。その結果、**図 5.17**(p.98)のように、接着剤のはみ出しと切削工具の干渉を防ぐために接着剤のはみ出しを処理することを決めた、ということがわかりました。市場での故障がない 2020 年 2 月以前の状態に戻すには、切削装置との干渉を解決しなければなりません。

市場調査の結果のもう 1 つの発見は、市場故障が発生しているシステムでセラミックスパーツが残っているものは、セラミックスパーツと接着剤の界面で破壊していることと、接着面が非常に丁寧に磨かれていて鏡面になっていることがわかりました。市場回収品(未故障品)を強制的に破壊すると、接着面が鏡面になっているものは同じように接着界面で破壊します。鏡面になっていないものは接着層内で破壊することもわかりました(図5.14)。

接着面が鏡面になっているものは、O社の検査で不合格になったセラミックスパーツを、再使用する際に、接着剤を取るために、丁寧に磨く工程が加わったためではないかということで、O社のFPAが**図5.15**のように修正されました。

さらに、接着剤はみ出しを処理するもとになった、P社のセラミックス加工工程のFPAを少し詳しく修正しました(**図5.16**)。また、その変更の経緯は**図5.17**のとおりであることがわかりました。

接着の特徴といろいろなフェーズでの残存強度を図示すると、**図5.18**のよ

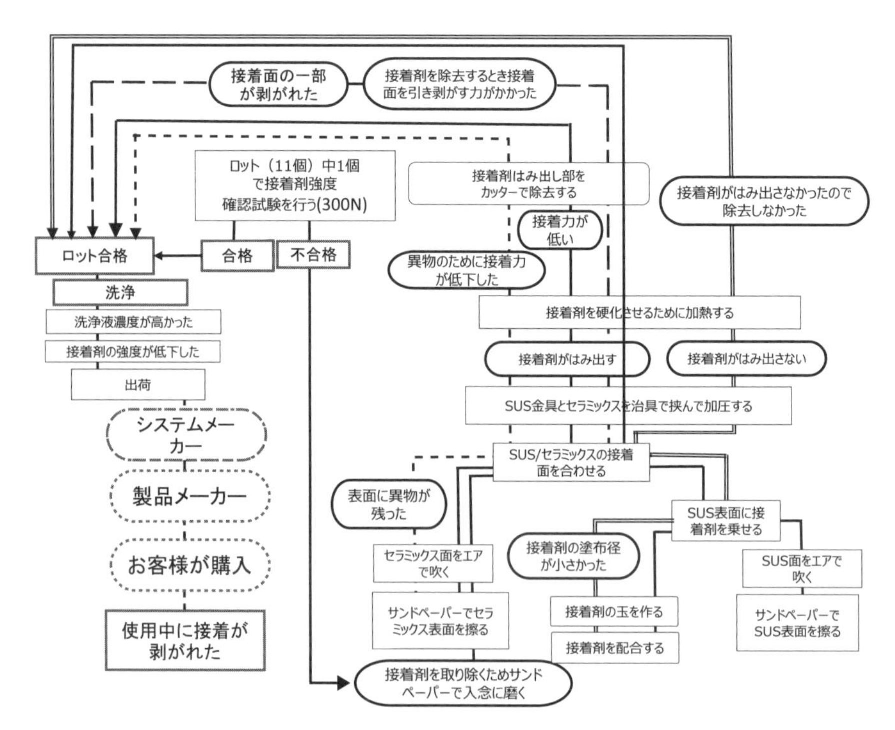

図5.15 不合格品の再使用プロセス追加

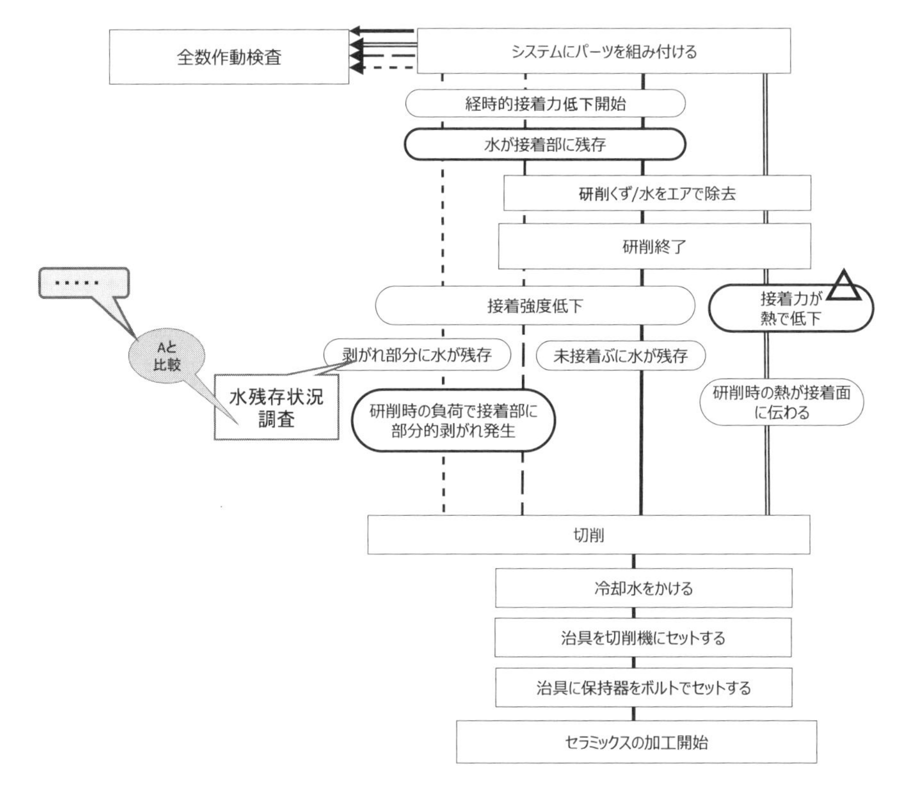

図 5.16　P 社でのセラミックス加工工程詳細追加

うになり、主に以下のア～ウの異なる３つのルート（事象の連鎖）が存在することがわかりました。

ア：量産開始後６カ月までに生産された製品で、接着剤はみ出しが処理されておらず、セラミックス表面は鏡面ではないもののルート

イ：量産開始後６カ月以降に生産された製品で、接着のはみ出しが処理されており、セラミックス表面は鏡面ではないもののルート

ウ：量産開始後６カ月以降に生産された製品で、接着のはみ出しが処理されており、セラミックス表面が鏡面になっているもののルート

このルートのうち、アは今後も市場で問題が起きる可能性は低く、イとウは

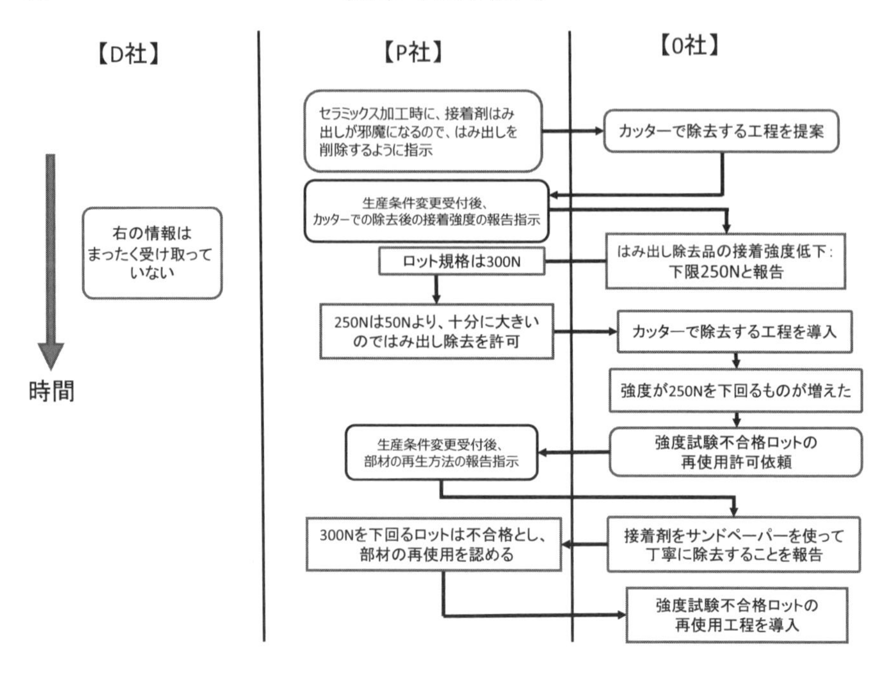

図 5.17　1年後の工程変更の流れ

市場で問題が起きている可能性が高いものです。

5.4 不具合発生のメカニズムの特定

上記のア～ウのルートと FPA を照らし合わせると、おおよその破壊までのメカニズムが明らかになります。本来これは FPA 上で示され、他の項目も残して後の考察に役立てるべきですが、読者のみなさんの理解を助けるために**図 5.19** に抜き出して表示することにします。例えば、他社に報告する場合も、このような形になるかと思います。

この時点で、接着部剥離の原因が、水分による接着剤の強度劣化によるものか、接着材とセラミックス界面での亀裂進展によるものか明確ではありません

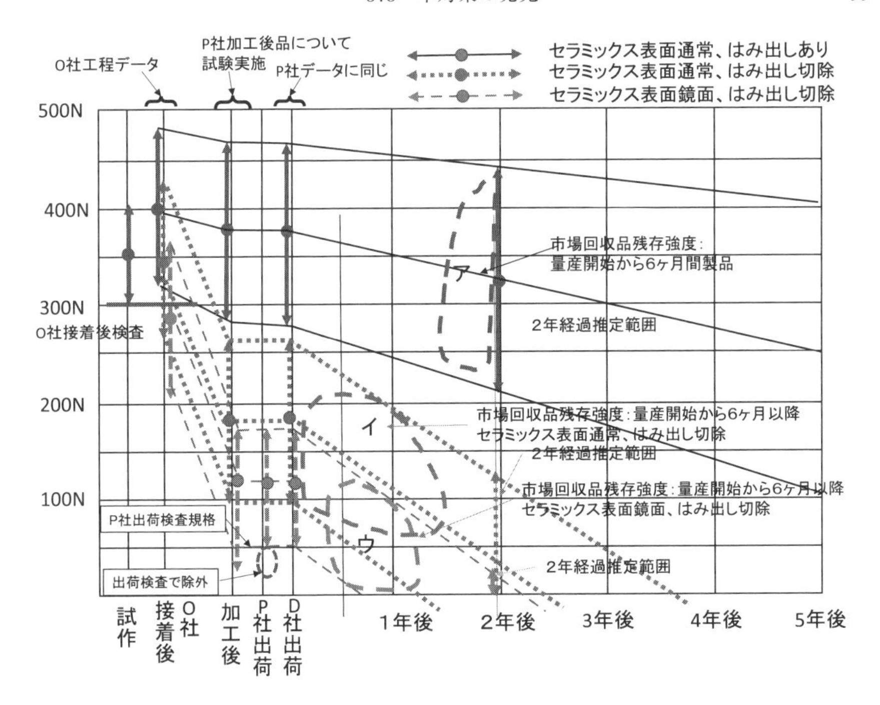

図 5.18　接着強度変化

が、これらを包含した対策を実施しなければならないでしょう。

なお、GD³問題解決の趣旨からは、市場の問題品の剥離界面の状況調査や再現試験にて、上記の2つのストーリーの切り分けを行ってから対策を実施するのが原則ですが、ここでは、実際の問題での対応に倣って、切り分け前に対応した事例としました。

5.5 本対策の発見

このステップに発見という言葉を入れたのには、重要な意味があります。通常対策を行う場合、原因と説明されるものの裏返しの形で示される場合が多いのです。例えば、再現試験で問題を再現させて、それを再現させないレベルで

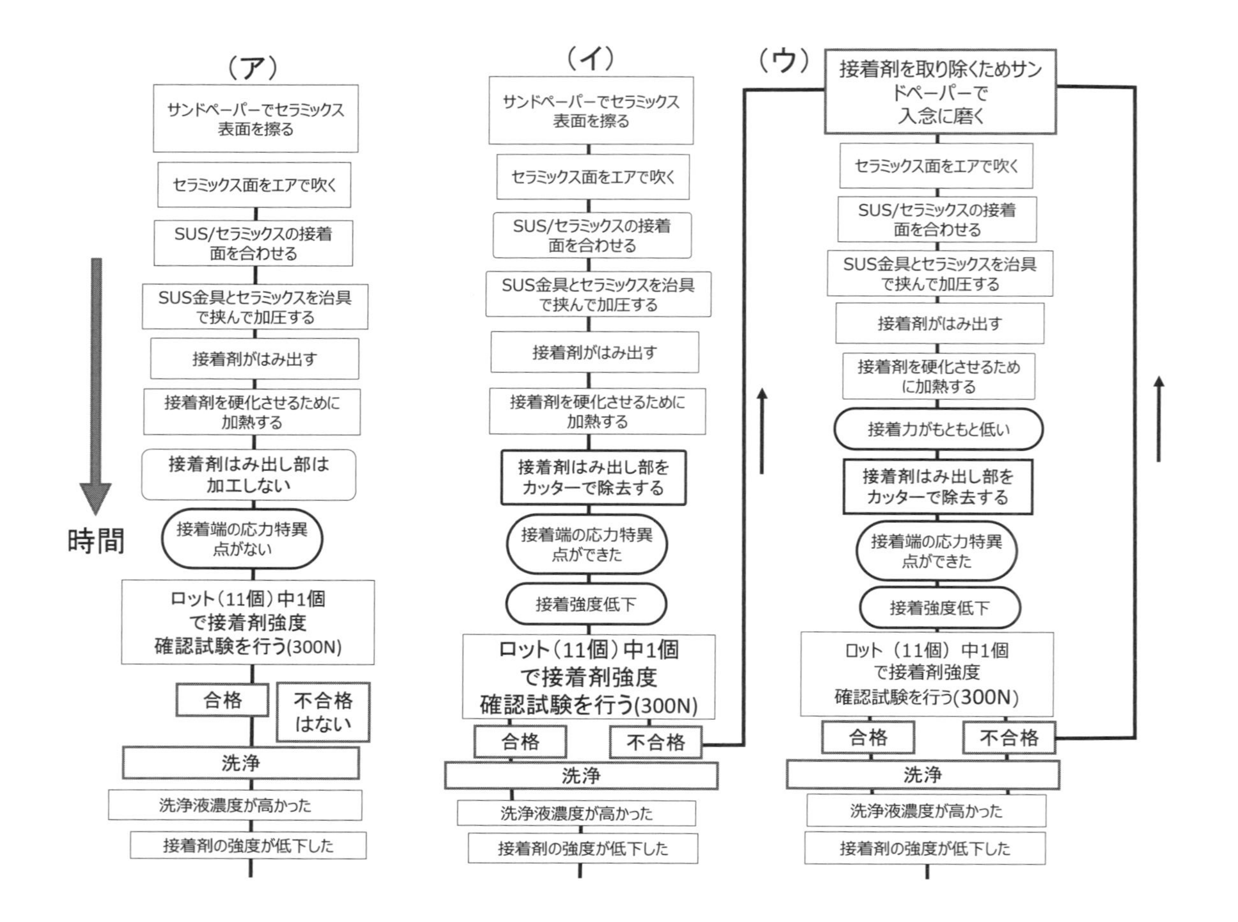
（ア）
サンドペーパーでセラミックス表面を擦る
セラミックス面をエアで吹く
SUS/セラミックスの接着面を合わせる
SUS金具とセラミックスを治具で挟んで加圧する
接着剤がはみ出す
接着剤を硬化させるために加熱する
接着剤はみ出し部は加工しない
接着端の応力特異点がない
ロット（11個）中1個で接着剤強度確認試験を行う(300N)
合格
不合格はない
洗浄
洗浄液濃度が高かった
接着剤の強度が低下した
時間
（イ）
サンドペーパーでセラミックス表面を擦る
セラミックス面をエアで吹く
SUS/セラミックスの接着面を合わせる
SUS金具とセラミックスを治具で挟んで加圧する
接着剤がはみ出す
接着剤を硬化させるために加熱する
接着剤はみ出し部をカッターで除去する
接着端の応力特異点ができた
接着強度低下
ロット（11個）中1個で接着剤強度確認試験を行う(300N)
合格
不合格
洗浄
洗浄液濃度が高かった
接着剤の強度が低下した
（ウ）
接着剤を取り除くためサンドペーパーで入念に磨く
セラミックス面をエアで吹く
SUS/セラミックスの接着面を合わせる
SUS金具とセラミックスを治具で挟んで加圧する
接着剤がはみ出す
接着剤を硬化させるために加熱する
接着力がもともと低い
接着剤はみ出し部をカッターで除去する
接着端の応力特異点ができた
接着強度低下
ロット（11個）中1個で接着剤強度確認試験を行う(300N)
合格
不合格
洗浄
洗浄液濃度が高かった
接着剤の強度が低下した

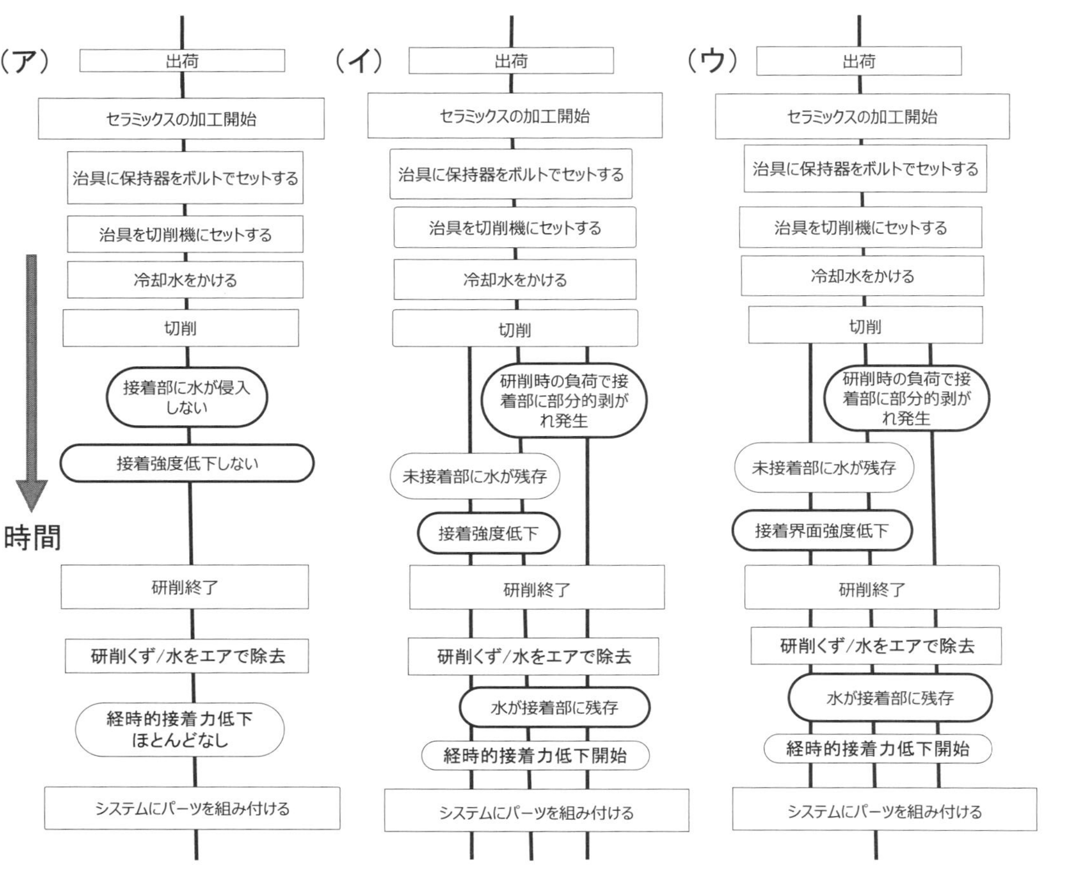
（ア）
出荷
セラミックスの加工開始
治具に保持器をボルトでセットする
治具を切削機にセットする
冷却水をかける
切削
接着部に水が侵入しない
接着強度低下しない
時間
研削終了
研削くず/水をエアで除去
経時的接着力低下ほとんどなし
システムにパーツを組み付ける
（イ）
出荷
セラミックスの加工開始
治具に保持器をボルトでセットする
治具を切削機にセットする
冷却水をかける
切削
研削時の負荷で接着部に部分的剥がれ発生
未接着部に水が残存
接着強度低下
研削終了
研削くず/水をエアで除去
水が接着部に残存
経時的接着力低下開始
システムにパーツを組み付ける
（ウ）
出荷
セラミックスの加工開始
治具に保持器をボルトでセットする
治具を切削機にセットする
冷却水をかける
切削
研削時の負荷で接着部に部分的剥がれ発生
未接着部に水が残存
接着界面強度低下
研削終了
研削くず/水をエアで除去
水が接着部に残存
経時的接着力低下開始
システムにパーツを組み付ける

図 5.19 各時期の製造品強度低下のメカニズム

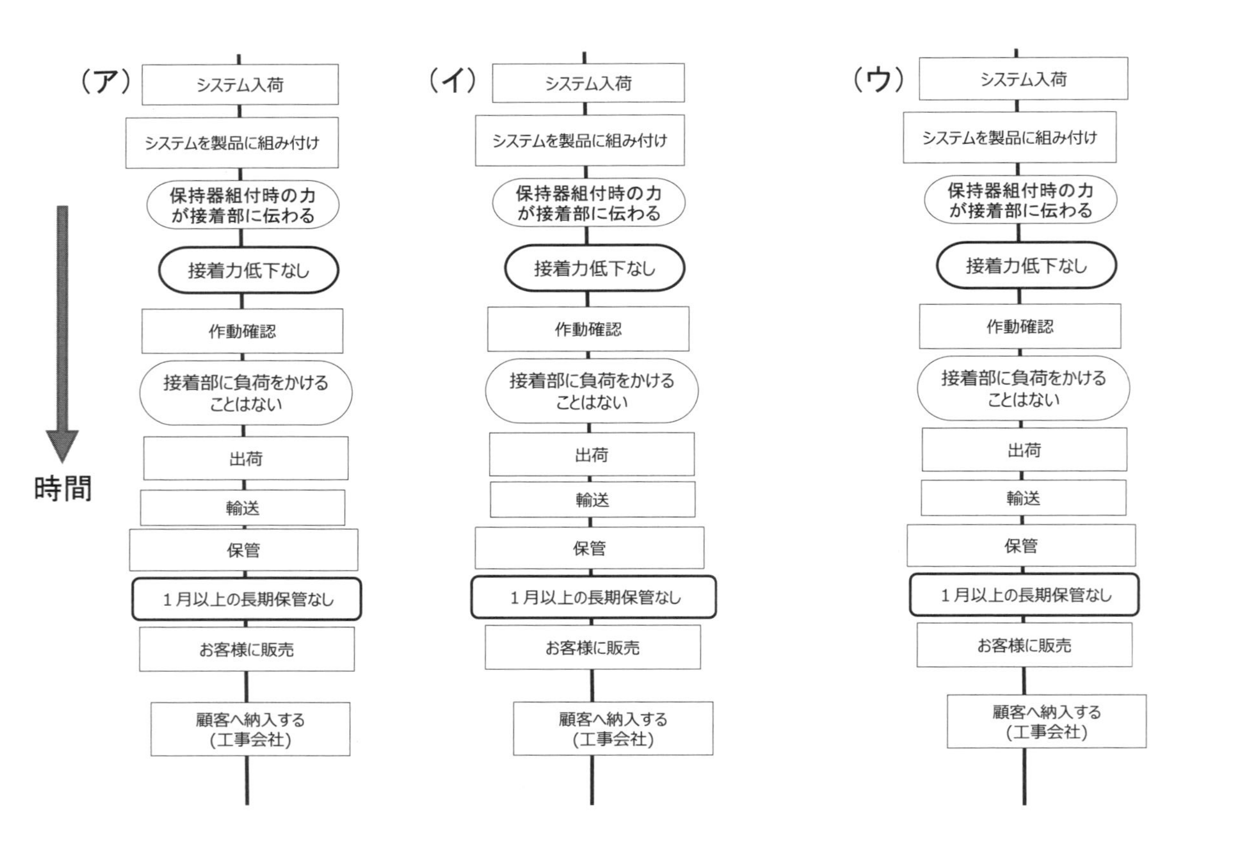
（ア）
システム入荷
システムを製品に組み付け
保持器組付時の力が接着部に伝わる
接着力低下なし
作動確認
接着部に負荷をかけることはない
出荷
輸送
保管
1月以上の長期保管なし
お客様に販売
顧客へ納入する（工事会社）
時間
（イ）
システム入荷
システムを製品に組み付け
保持器組付時の力が接着部に伝わる
接着力低下なし
作動確認
接着部に負荷をかけることはない
出荷
輸送
保管
1月以上の長期保管なし
お客様に販売
顧客へ納入する（工事会社）
（ウ）
システム入荷
システムを製品に組み付け
保持器組付時の力が接着部に伝わる
接着力低下なし
作動確認
接着部に負荷をかけることはない
出荷
輸送
保管
1月以上の長期保管なし
お客様に販売
顧客へ納入する（工事会社）

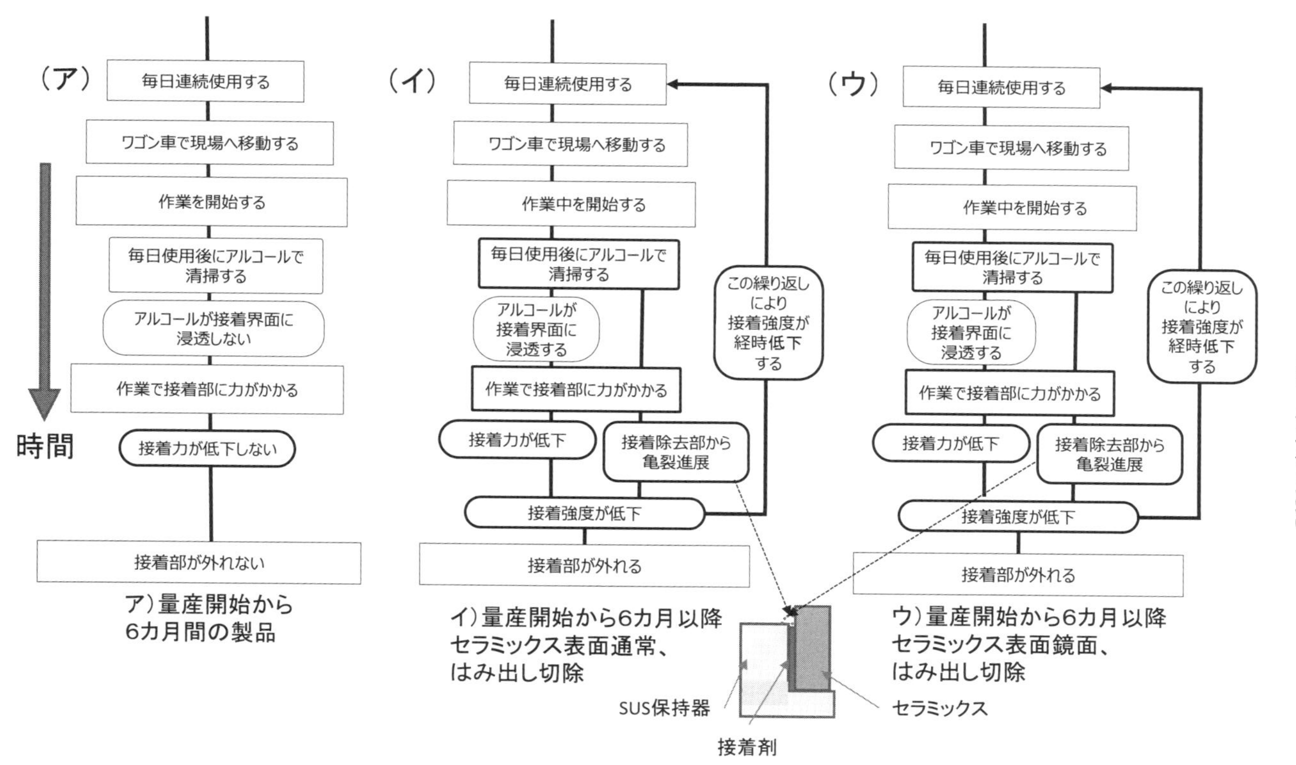

図5.19　各時期の製造品強度低下のメカニズム（つづき）

対策を行うという場合、再現試験で示された原因とそれを対策するときの原因は当然同じもので、そのほうがわかりやすく、受け容れられやすいのです。原因または対策が先に決まっていることもありますが、それが裏・表の関係にあるとわかりやすいということで、安易に原因を裏返しただけの対策で問題解決終了、としてしまうのが、事例1のような不十分な対策になってしまうことにつながるのです。

GD^{3}問題解決では、これを避けるため、「対策も発見」と考えます。もちろん、従来の問題解決でも原因だと示した事項の周辺で数個の対策を考え、Pughダイアグラム(表5.2、109ページ)のような対策とその効果、背反事項などをマトリックスの形で対比した表)など、自分の考えた対策が一番よいものであることを示します。一方、GD^{3}問題解決で考えているのはそのようなことではありません。GD^{3}問題解決のベースとなっているCOACH法では、200案発想という手法(目標)を示しています。通常数案の対策を考えるところを、その十倍ともなる数十個の対策を考える、また特に目標数や基準がない場合は、200個を目標にして対策を考えようというものです。通常の思考の枠の外に思考を広げて、新しい発想を引き出すのがねらいです。

このとき、真の原因といって1つの案を示すと、その周りで数十案を考えるのはなかなか難しいものです。しかし、FPAを使えば、問題に至るプロセスのどこかで事象の発生を止めればよい、と考えることができ、対策の可能性は格段に広がります。FPAをもとにしたGD^{3}は、発想を導く手法でもあるのです。

事例3では、FPAから導かれた3つの特徴のあるストーリーを示しました。市場で不具合が起きないことが期待できるストーリーにどうやって製品を合わせられるようにするかが鍵になりそうです。これは差に着目した対策で、筆者は**図5.20**から、この対策を現因(げんいん)への対策と呼びます。また、原因と区別するときは現因(あらいん)と呼ぶこともあります。そのときは、原因は「はらいん」と呼びます。

私たちはいろいろな制約のもとで製品を開発し、その問題の対策も行います。

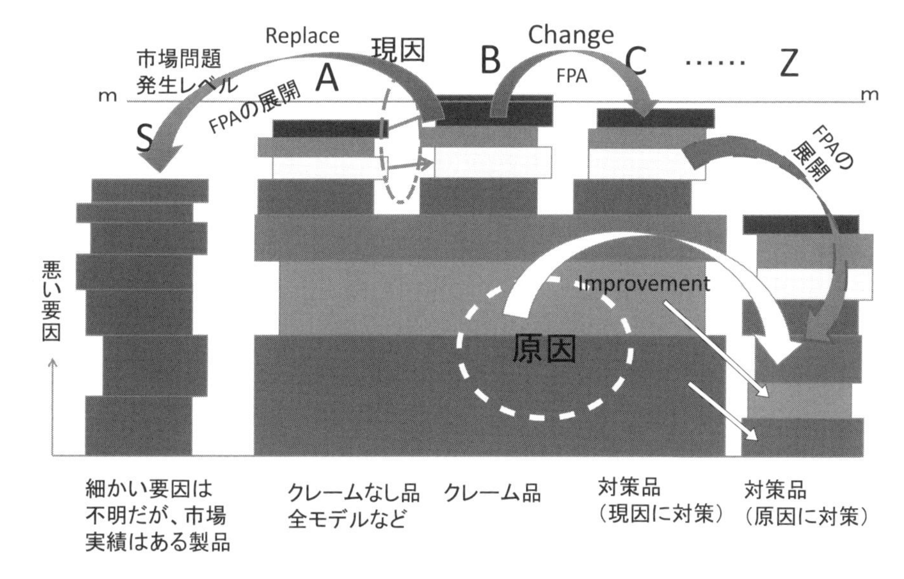

図 5.20　FPA をベースに対策案を発想する

対策案発見のスタートも「あらいん」から始まるのは当然です。FPA はまさに現状の差を明確にしてくれるという意味で効果的です。しかし、そこで止まらず、画期的な対策へと発想を広げていくのを忘れてはなりません。それが 200 案発想の意義です。

事例 4 を例に挙げます。図 5.19 の FPA の差が明確なプロセスの近辺で対策するアイディアをまず発想します。すると、「はみ出し処理を止める」といった対策案が出るでしょう。一方、「再使用のときのセラミックス表面の丁寧な仕上げ(接着剤剥がし)を止める」、「耐水性のよい接着剤に変える」といったアイディアも出てきます。これに連なるプロセスを詳細に見ていくと、発想がどんどん出てくるでしょう。

さらに、3つの FPA が同じプロセスを示している場所で発想を広げていきます。それはアのプロセスにも改良のポイントがあるということですから、図 5.20 の「はらいん」に目を向けていくことといえます。「基本的に強度がもっと高い接着剤に変える」とか「接着剤をやめて、ボルト締結にする」、「接合に頼らない一体構造にする」などのアイディアが出てきます。それぞれに新たな制約事項が出てきて、それを克服しなければなりませんが、発想をそこに広げることは、大変重要なことです。

200案が出せたら、その中から代表的な十数案程度をPughダイアグラムで表して、実行する対策を決めることになりますが、Pughダイアグラムもまた発想を助ける手法なのです。つまり、A～Eの5つの対策が示されたとすると、これらの対策の得失を組み合わせると新たにF、G、…の対策が考えられるという発想を助ける手法なのです。

決めた対策に対しては、新たな問題の未然防止を図ることが大切であることは当然です。

事例4では、最終的に「セラミックスの加工を先にP社で行い、それをO社に送り接着を行い、接着剤のはみ出し処理は行わず、再びP社に送り、システムに組み込む」が対策として決まりました。

5.6 対策の実施

対策案が決まってから対策の実施のプロセスに入るのでは時間がかかってしまいますので、対策案の発想までのプロセスと対策の実施のプロセスをいかに並行して進めるかが鍵になります。このとき、前工程が決まってから後工程に伝えるのではなく、後工程の人々が、対策案の発想までのプロセスに積極的に参画してよい案に仕上げていく「後工程引き取り」の考え方が重要になります。対策決定→対策実施部署(会社)に指示→対策実施というプロセスを一貫して受け渡すのが一般的かもしれませんが、これでは迅速な対策を期待しているお客様を待たせることになりますし、後工程の意見が対策に十分反映されず、最良の対策にならない可能性も生じます。早い時点から後工程の対策実施部署を巻き込んで対策を進めることが大切です。

5.7 対策結果のフォローと振り返り

問題発見から対策実施までの問題解決プロセスに対しては、通常、振り返りは行われません。なぜなら、客先から要求されない場合が多いからです。実は、それが問題解決の能力が上がらない大きな要因になっています。

例えば、事例4では、「ステップ0　問題の発見」で、問題解決を行う決断をするタイミングが「D社からの指示」でしたが、それをもっと早めるにはどうしたらよいか、3社でFPAを描いて議論することは大切でしょう。

また、事例4の問題解決で、3社が合同で市場調査を行ったことは成功例でしょう。このような成功例をどうやって今後の問題解決に活かすかが大切になります。ただ、3社共同で市場調査を実施した、という結論だけでは、後の問題解決に役に立つとはいえません。どのように議論し、どのように3社共同の調査を推進したのか、という事象の連鎖、すなわちFPAの形で表現すると、その鍵が明確になるでしょう。特に、接着剥がれが起きているものの調査だけでなく、起きていないものの調査を並行して実施しているのも成功点でしょう。この成功点がどのように実施されたかを残すことも重要なポイントです。

そして、これらの問題解決の事実の連鎖(成功・失敗)について、そのFPAをそれぞれの企業全体で共有し，そこから具体的な仕組みを組み立てていくことも必要になるでしょう。それが、問題解決の振り返りであり、Continuous Improvement(継続的改善)の次の段階への成長の足場になるのです。

多くの会社では品質会議のような会議体をもっているでしょう。しかしその多くは、品質問題件数のフォローであったり、せいぜい対策結果の報告程度であったりに終始しているのは残念なところです。大切なのは、問題解決プロセスの振り返りだと考えないと、問題解決能力は成長しない、ということなのです。

5.8 再発防止の発見

5.8.1 再発防止の要件

事例1で述べたように、客先から指示がなければ再発防止も行わない企業もたくさんあります。また、表1.1のように簡単に済ます企業も多いでしょう。それでは再発防止の効果は限定的です。再発防止をもっと効果が広いものにしようとする試みはいろいろ行われていますが、スタートが「原因を絞って、そこに対策する」という考えでは、その広がりは限定的で、広い効果を期待すると、再発防止策が曖昧なものになってしまいます。

再発防止を考える場合は、以下の4つの視点からの振り返りが必要です。

① 技術

② 仕事の仕組み

③ 情報の受け渡し

④ 人の育成

従来はこれらの視点で、問題を発生させた人が振り返りを実施するのが普通だったと思います。しかし、創造的未然防止であるGD^{3}問題解決では、図2.1のC領域の問題を扱っているのですから、問題を発生させた人だけではなく、その周辺で問題に気づかなかった人が振り返りを実施し、発見力を高める必要があります。

振り返りの実施のため、**表5.2**のような様式を作って提供したところ、各項目に当てはまる言葉を深く考えずに記入して提出する人が多数出ました。まさに穴埋め体質なのです。そこで注意書きを追加しましたが、それには目もくれず穴埋めに邁進する人が絶えません。

5.8.2 再発防止の項目を発想するためにもFPAを使う

再発防止でもFPAがベースになります。最終的なFPAには、問題発生に至るプロセス(メカニズム)が詳細に書かれています。さらに、直接はこの問題

表 5.2　再発防止視点表

	なぜ問題が発生したか（作り込んだか）（設計・実験・製造・他）⇒再発防止策	なぜ問題が発見できなかったか（上司・レビューアー・関係者・他）⇒再発防止策
技術		
仕事の仕組み		
情報の受け渡し（連携）		
その他特記事項（人の育成など）		

各項に、具体的施策案必要

この表はチェックマトリックスではない。この表を与えると、気付いていることをこの表に当てはめてくる人がいるが、気付いていることを当てはめても意味はない。この表の各項目に視点を移すことによって、新たな発見を促すためのものである。新たな発見をしないなら、新たな発見がないなら、使わないほうがよい。

と関係がなかったと判定されたプロセスも、実際に起きる可能性がある自社の弱点を示しているといえるでしょう。このような項目から、上記の振り返りの視点を考えながら、**図 5.21** のように次の成長のステップ（Continuous Improvement の足場）へと移行するための具体的な再発防止事項を決めていきます。この視点で FPA を見ると、もっと事実に至るプロセスが知りたいというところも出てくるでしょう。そこには、さらに FPA を書き加えましょう。

ここまでくると、適当にスキップできる「なぜなぜ」を使いたいという人もいるでしょう。それはそれで有効に使えばよいのです。大切なのは、Continuous Improvement を確実に進歩させることができる、具体的な再発防止事項を決めることです。

事例 4 では、技術の面で接着剤あるいは接着という現象について、現在の知見を振り返り、次の成長のステップにどうやっていくかの具体的内容を規定する必要があります。「接着の勉強をする」では何の進歩も起きません。

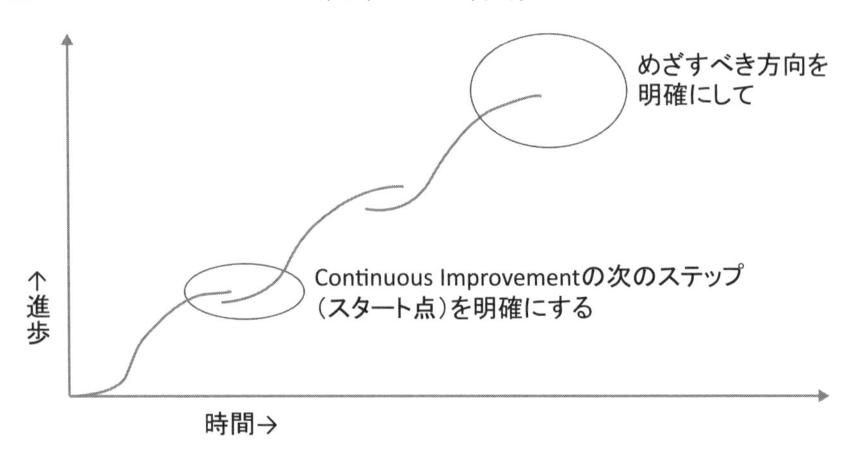

図5.21　Continuous Improvementの次のステップを具体的にした再発防止

技術の面では、セラミックスと保持器の最適な構造を検討することも大切な再発防止項目になります。本対策まででは今できる対策の範囲を出ませんから、さらに時間をかけて最適な構造を追究していくことが大切です。

一方、この事例では接着強度がいろいろな要因で劣化することを知らなかったことや、劣化を検出できなかったということも、大きな問題でした。FPAで最終的に明確にできなかった、「接着の強度劣化」と「接着界面の亀裂進展」のどちらが主要な要因だったのかを明確にするという具体的な検討内容が、FPAから抽出されます。さらに、FPAに示されている、その周辺の事実から、さらにそれを具体化していく(発見)ことが大切です。

「接着のはみ出しの処理の実施」を決めたとき、「関係者がどのように考えて、実施することを決めたか」のプロセスにも、再発防止をすべき項目があるでしょう。

このようなことに関して、チームで議論し、具体的かつ効果的な次の成長のステップへの足場を決めて実行することは、失敗の元を取ることにつながるのです。

J・コリンズは、著書『ビジョナリーカンパニー②飛躍の法則』(6)の中で、失敗の再発防止について次のような事例を紹介しています。1978年、フィリップ・モリスはセブンアップを買収しました。その8年後に売却し、損失を計上しました。損失額はそれほど大きくなかったが、CEOのジョセフ・カルマンはこの失敗についてのべ数百時間を費やして分析・議論をしました。「この間違った決定の責任は自分にあるが、高い授業料を払って得た教訓を最大限に引き出す責任は全員にある。」と彼は述べています。その結果、トップマネジメントの誰と話をしても、この問題に対する自分の考えを具体的に説明できるので、インタビューしたコリンズ氏は感心した、という内容です。

私たちは品質問題で大きな損失を計上しています。さらに、その問題解決に多くの時間を費やしているでしょう。このとき、対策を行ってから後の時間をどのように考えているでしょうか。「対策が終わったら早く通常の時間(本来の仕事という人もいる)に戻りたい」と考えているマネジメントは多いのではないでしょうか。

また、「大きな損失では、ちゃんと再発防止をやっている」と言い訳する人も多いでしょう。「再発防止は失敗の元をとること」なのです。あなたの組織は、ちゃんと元をとっているでしょうか？　再発防止(振り返り)に時間を使うのはさらに損失を増やすことだと思っていないでしょうか？　もしそうなら、それは元がとれるような振り返りをやっていないということなのです。さらに、小さな問題(損失)への対応でもそれより大きな元がとれれば、こんなに嬉しいことはないはずです。

5.9　FPAのまとめ

本章では、FPAをベースにしたGD³問題解決の進め方について説明してきましたが、そのねらいはGD³問題解決がGood DissectionとGood Discussionにより気づきを引き出す手法で、その手段がFPAであることを理解してもらうことです。そして、そのときどこまで微妙な差(リスク)に着目するか(Good Design：現状調査)が大切であることを説明してきました。

これまで欧米で提案されてきた手法は、一人でできることをめざすものが多く、個人とチームの関係を示した手法はあまり見られません。例えばブレーンストーミングはチームでの議論をベースにしていますが、個人との関係、あるいは集中する方法はあまり明確ではありません。個人とチームの関係を中心に据え、集中と客観視を両立させたことがGD^{3}問題解決の特徴でもあり、ある意味非常に日本的な手法といえると思います。

一方、FPAを個人で使いたいという希望もあるでしょう。その場合大切なことは、FPAを集中(Good Dissection)と客観視(Good Discussion)両方の手段として使うことです。つまり、自ら描いたFPAを他人が描いた気持ちで眺めて「他」の発見に導くことです。そして、「他」とは、図2.1のBの領域と事実を結びつけることではなく、あくまでもCの領域で自分が気づいていないことであり、それを発見することを自らに課していなければなりません。

第6章

創造的未然防止と
レジリエンスエンジニアリング

6.1 問題解決・再発防止から未然防止へ

筆者は実験技術者として社会人のスタートを切りました。いつも言われていたのは、「君たちは、市場で問題が起きればそれを解決し、再発防止することができる。なぜ、問題が起きる前にそれを防止できないのか？」でした。1990年ごろには、それが「問題解決・再発防止はできる。これからは未然防止だ」という言葉に変わりました。ここで、「未然防止」という言葉が初めて社内で使われるようになったのです。

もちろん筆者らは、それまでも市場に出した製品が問題を起こさないように、いろいろなことをやってきました。設計・試験標準を作り、それに従った設計を行い、詳細な試験をし、工程を作り製品を製造し、その検査を行い、市場に輸送し、お客様に提供していました。「このプロセスについて未然防止をしろ」、と改めていわれても、「この今までのプロセスは市場問題の未然防止ではないのだろうか？」と悩みました。もちろん、それをすり抜けて市場で問題が起きることはあります。でも、「大部分の問題の未然防止はできている、それを完璧にやれというのか……」という反発もありました。今までやっていたことを完璧にやるだけの未然防止では、今一つやる気も起きません。

そこで、今まで自分達がやってきたことに何が欠けていたのか(何が足りなかったのかではなく)を徹底的に考えて、新しい「未然防止」の定義を考えようとしたのです。未然防止を「創造的な仕事」として扱うことで、今までどちらかというと決められた仕事を正しく行うという品質確保のためであった認識に、一石を投じようとしたわけです(**図6.1**)。

未然防止という言葉は、今や品質の世界でも普通に使われるようになりましたが、その定義はまちまちです。どちらかというと、「今までの仕事を抜け漏れなく、徹底的に行うこと」であったり、「視点を変えた再発防止が未然防止」であったりというものもありますが、筆者は「未然防止は創造的な仕事」、つまり「(気づいていない問題を)発見(し、対処する)」と定義しています。

未然防止という言葉を聞いたとき、皆さんはどのようなイメージをもつでしょうか。「何か“こと”を起こすときに、それ以前に問題が起きないように対処をしておくこと」ということが一般的な理解だと思います。本書ではこれを 「広義の未然防止」と呼び、次節で解説します。

図6.1　未然防止は創造的な仕事

6.2 広義の未然防止

設計を例にとると、「設計の問題を未然に防止する」という意味では、品質工学がめざしているロバスト性の確保は、有力な広義の未然防止の手段です。では、ロバスト性の確保はカップのモデルでいうとどこに位置づけられるでしょうか。答えは、**図6.2**のDの部分、すなわちカップの材料であり、カップそのものの強さを表しているといってよいでしょう。

ロバスト性の確保は細部設計(製品設計)の前、例えば先行開発で行われることが大切です。それによって製品設計が楽になったり、お客様の期待を満たしやすくなったりしますが、カップのモデルでいう、目標の達成とかお客様の期待を満たすといった具体的指標ではありません。

新しい製品を設計するとき、設計者は目標を設定し、それを達成すべく設計を開始します。その際、品質問題を未然防止するため、いろいろな品質管理の手法を使います。標準化やFTA、FMEAはそれを助ける有効な手法であり、図2.1のカップのBの部分を構成します。その意味で、これらの手法は広義の未然防止といえます。

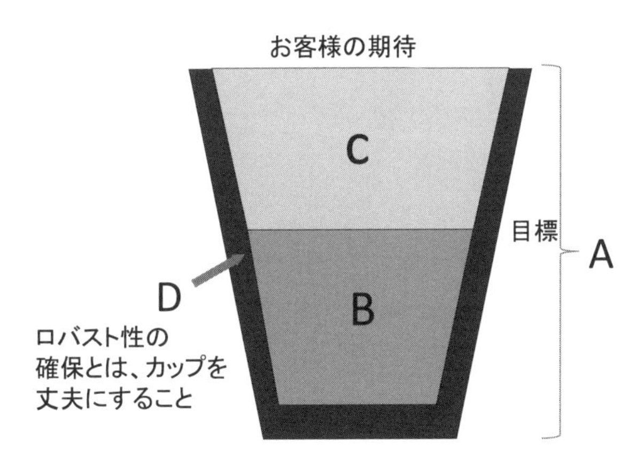

図6.2　ロバスト性の確保とは

これらの広義の未然防止を時系列で表すと、**図6.3**になります。(製品)設計という行為を中心に考えると、その前、その途中、その後という3つのフェーズが考えられ、「ロバスト性確保」、「標準などを適用し、目標を達成する」、「レビュー、実験」は**図6.4**のような位置づけになります。ここで注目していただきたいのは、レビューと実験は設計の後にくるという意味で、似た立場にあるということです。

先ほど示した未然防止の定義で、“こと”を「(製品)設計」と読み替えると、レビューや実験は“こと”の後に来るので、“こと”そのものの未然防止の資格がないことになります。しかし、“こと”を「お客様に製品を手渡すこと」とすると、レビューも実験もそれ以前にできるので、十分に未然防止の対象になります。私たちは「お客様の期待を満たすために仕事をしている」と考えると、**図6.5**のようにいろいろなフェーズでレビューや実験(含む検査)は有力な未然防止の手段になります。

未然防止の実施は、もちろん早ければ早いほど行動を起こそうとしている人(例えば設計者)にとっては嬉しいわけですが、早すぎると曖昧な要素が多くなって明確な判断ができない場合もあり、それが大きな品質問題のもとになっ

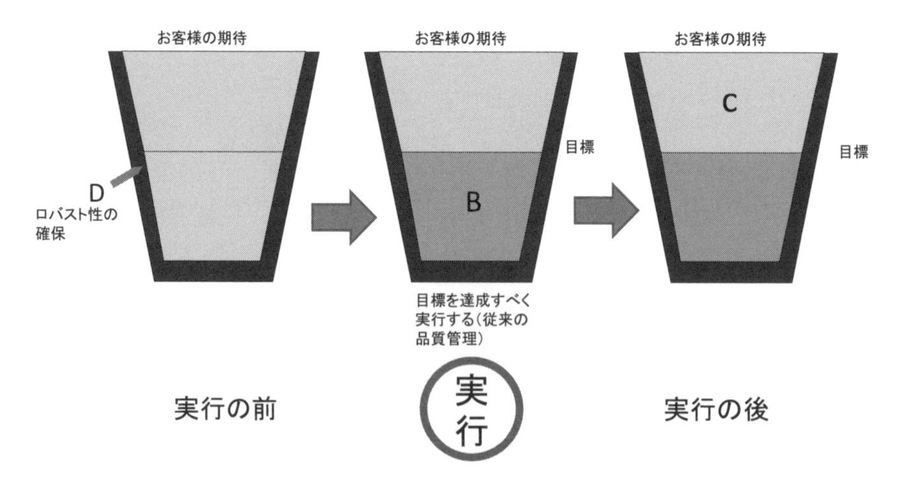

図6.3 広義の未然防止を時系列で見る

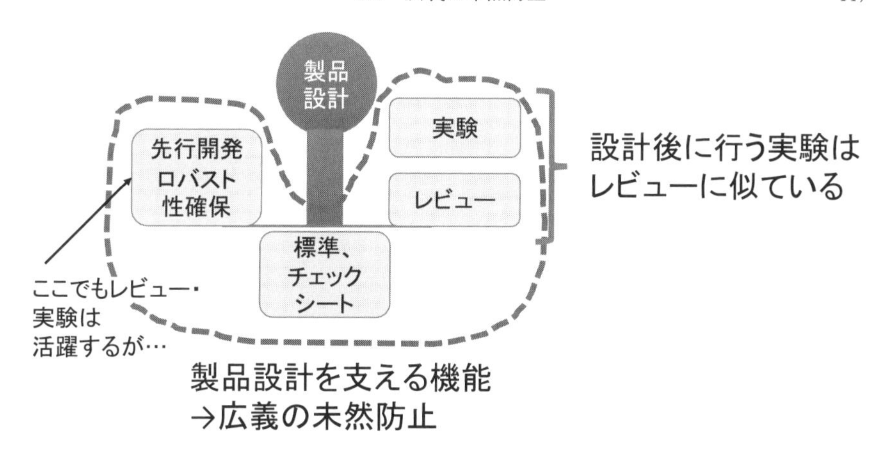

図 6.4　実行＝製品設計と考えると

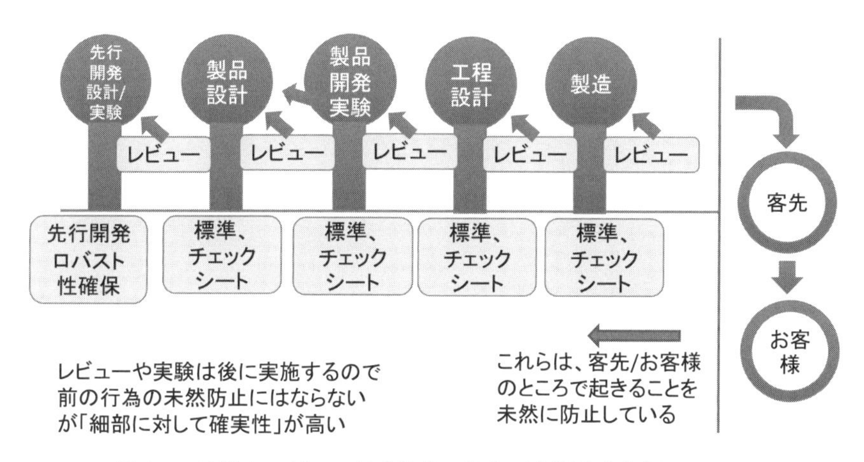

図 6.5　実験とレビューは実施後に行うが未然防止を担っている

てしまうことも多々あります。筆者は、未然防止を実施する時期の判断について、明確で確実にできるのはどこかを追究してきたように思います。例えば、設計なら図面ができたところ、実験なら実験結果が出たところ、製造なら部品ができたところなど、何かを実行した直後(図 6.3)が重要であり、それが最後のチャンスであるといえるでしょう。

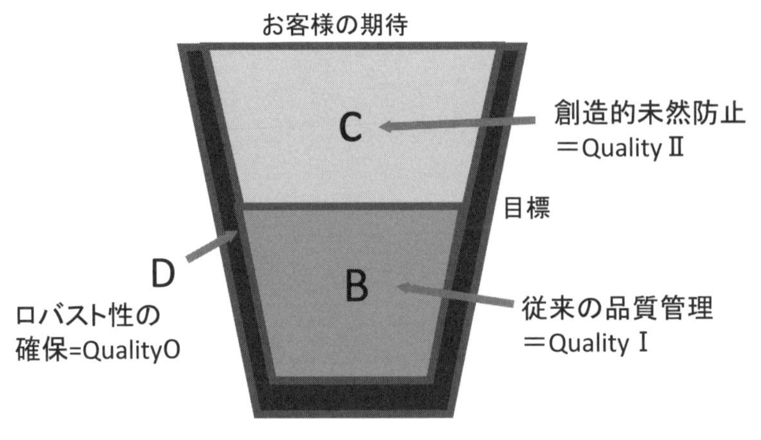

図6.6　Quality 0、Ⅰ、Ⅱ

一方、それでは遅すぎる、という意見もあるでしょう。もちろん、それ以前のプロセスでは何もしないということではないのです。図6.4のように未然防止を設計の前・中・後に分けて考えると、設計前のロバスト性の確保はQuality 0、設計中の目標に向かっての品質確保はQuality Ⅰ、設計後のレビュー、実験等はQuality Ⅱと呼ぶとわかりやすいのではないかと思います(**図6.6**)。このQuality Ⅰ、Ⅱという表現はのちに述べるレジリエンスエンジニアリングの世界でのSafety1、Ⅱに倣ったものです。

6.3 創造的未然防止へ

設計者は、与えられた目標に向かってQuality Ⅰの領域で、決められたルール(標準/手法)を守って、与えられた目標を達成すべく、努力してきました。それは、未然防止のための大切な要件でもあります。そこで、次のプロセスに移行するにあたって何が必要かを考え、Quality Ⅱ、すなわちお客さまの期待を満たすべく、気づいていない問題(潜在問題)を発見し設計をもっとよいものにする行為(デザインレビュー)を利用して行う創造的未然防止というプロセスを設定したのです。デザインレビューのように、当事者(例えば設計者)以外の第三者がアウトプット(その時点での正確な事実：図面や実験結果)を理解して、問題を発見し、具体的付加価値をつけて当事者を助けられる最も確実なタイミングは、この実行の直後しかない、ともいえます。これは、当事者(設計者、実験者など)にとっての未然防止を実施する最後のタイミングを明確にしたということになります。

つまり、デザインレビューは、設計者が目標を達成すべく努力してきたことの「抜け漏れ」をレビューアーがチェックする(Quality Ⅰを完全にする)機会ではなく、お客様の期待と与えられた目標のギャップを埋め、製品をもっとよいものにする(付加価値をつける)機会だということです。その領域は、設計者が気づいていない領域ですから、気づく(創造性)ことが大切です。そのために条件としてGood Design(差を見る)、Good Discussion(ワイガヤ)、Good Dissection(現地現物)が重要であることを示したのです。

そして、これらを成立させるタイミングとして、レビューがあることを示し、そのための具体的手法としてDRBFM(Design Review based on Failure Mode), DRBTR(Design Review based on Test Results), DREDP(Design Review based on Difference of Product)という3つの手法を提案したわけです。これらはレビューですから、何かを実施した後が実施のタイミングになりますが、実験と同様、どうやってそこからいかに前の工程に出ていくかが大切になります(**図6.7**)。それを考えないと結局、実施後にチェックする状態に陥る可能性が出てきます。鍵は「気づき(創造性)」です。創造性はレビューの瞬間だけでなく、仕事を通して必要になり、強化すべきことなのです。

これを問題解決/再発防止に展開したのがGD³問題解決プロセスです。これにより、仕事のすべてのフェーズで創造性を使うカルチャーに意識変革することが可能になるのです(**図6.8**)。その意味で創造的未然防止と定義したのです。

創造的未然防止(Quality Ⅱ)が実行の最後のプロセスで行う行為ということは、次のステップの最初のプロセスでもあるので、問題が起きてからの問題解決につながるタイミングになるのです。その意味でGD³問題解決プロセスで

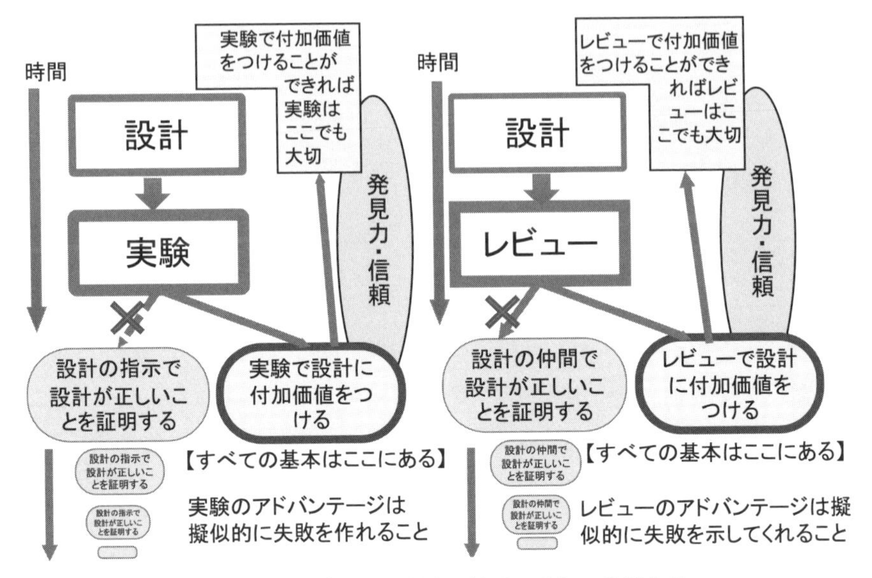

図 6.7 レビューと実験は似ているところがある

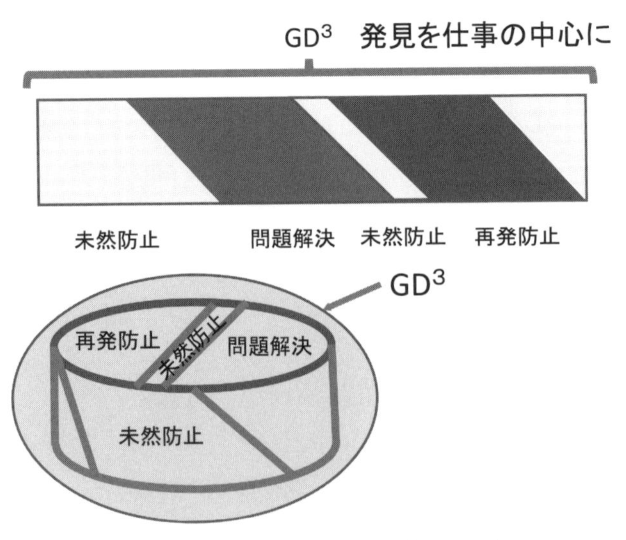

図 6.8 すべての仕事を GD^3 でつなぐ

は第0段階を問題発見としました。さらに、後述するようにこれは問題が起きてしまってからのレジリエンスエンジニアにつながっていくのです。

6.4 未然防止のためにどうやって問題を発見するのか

第2章で述べたように、筆者は未然防止のためのコンセプトとして GD^3 を提案しています。これは、GとDを頭文字に持つ3つの言葉で構成されています。Good Design, Good Dissection, Good Discussion の3つです。

Good Design は実行前のプロセスで、基本的に良い設計(Robust Design)にしておくことは当然ですが、そこに潜む問題の芽となる差を明確にした設計をするという意味です。すでに市場で認められている設計と新しい設計を比べたとき、もし、新しい設計に問題があるとすれば、差のあるところに問題の芽(そのものが問題ではないかもしれないが、問題を引き起こすきっかけになる)がある可能性があります。つまり、差は問題の引き金になる可能性がある「リスク」だと定義します。つまり、差を明確にして、そこから問題を発見するというのが GD^3 の考えです。そして、発見するときの思考の状態を、Good Dissection と Good Discussion という言葉で表しました。

筆者は第2章で述べた COACH 法という発想法を提案しています(4)。よい発想のための条件として次の3つの要素を挙げ、頭文字をとって、COACH 法と名付けたのです。

Concentrating：集中をする。切羽詰まる。徹底的に観察するなど
Objective：客観視する。議論する。他人の意見を聞く。コミュニケーションなど
And
CHallenging：よいイメージをもって諦めない。

Good Dissection は Concentrating に相当し、徹底的に観察し、集中します。

Good Discussion は Objective に相当し、徹底的に議論することにより客観的視します。これが GD^3 の基本的な条件になります。この議論をすることに

より問題を発見するというのは、担当者(例えば設計者)自身が問題を発見するのではなく、設計者は図2.1のBのところで一生懸命仕事をしたので、それをレビューする人々がCのところの問題を発見して担当者を助けるという場がデザインレビューと考えています。したがって、デザインレビューの場では、3番目のChallengingの気持ちをもってよいイメージで参加することが大切になります。

これを実際に行う手法として、どのようなリスク(差)に着目するかによって3つの手法を使い分けることを提案しています。意図した変更(例えば設計変更)に着目するならDRBFM(Design Review based on Failure Mode)、変化(例えば試験前後の供試品の差)に着目する手法ならDRBTR(Design Review based on Test Result)、2つのものを直接比較したときの差に着目するならDRBDP(Design Review based on Difference of Products)です。

差をリスクと考えると、もう1つ重大な差があります。それは製造工程以外の間接部門の仕事のアウトプットは情報なので、渡す側の考えと、受け取る側の考えには差(リスク)を生じるということです。製造工程の工程間で受け渡すものは製品そのものですから、そこで劣化するということは考える必要はありません。しかし、設計など、間接部門のアウトプットは情報ですから、次の工程に受け渡す際、必ず劣化します。それを防ぐために、図面や書類を添えたり、データで渡すなどの努力をするのですが、それでも劣化を完全に防ぐことはできません。情報を前工程から後工程にPush式に送ると考えると、前工程の情報は完全でなければならず、そこから劣化していくだけという図式になります。絶対的に正しい情報を送っているはずの前工程はどんどん強くなり、後工程はそれに従っているだけということになります。

この情報伝達のリスク(差)をどうやって解消するかということが重要です。これまでの方法は限りなく前工程が正しい情報を発信し、それを限りなく正しく受け取るという未然防止の方法でした。それは、図2.1のBの部分ではできるかもしれませんが、設計の情報には図2.1Cの部分の問題を含んでいる可能性があるのです。つまり、Cの部分の問題発見に、情報を受け取る側の人々も参画する(DRBFMに後工程の人々が参加する)ことにより、情報をもっとよいものにして受け取る、後工程引き取り(Pull式)の概念を取り入れることにより、前提条件であった情報が劣化すること自体を防げるようになる、ということが創造的未然防止の重要な要件になります。これらの手法の詳細については拙著『発見力』(1)をご参照ください。

それを問題解決に展開したのがGD^{3}問題解決、FPAということになります。

6.5 未然防止のまとめ

未然防止の考え方であるGD^{3}問題解決は、製造業で製品の品質を設計段階で確保する手法として開発されました。それは、設計段階を超えて、製造段階も含めて展開できるように拡張され、さらに、お客様のところで品質問題が起きた場合にも展開できることが示されました。

本書の未然防止についての基本的な考え方を以下に示します。

- 私たちはお客様のために(品質確保の)仕事をしています
- 製品を設計・製造する際、ある目標を設定して、それを満たす様に設計・製造を行いますが、それはお客様の期待そのもの(すべて)ではありません。
- 品質問題は私たちが設定した目標と、お客様の期待のギャップのところで発生します。ここは私たちが目標として設定していなかったところですから、想定外ということになります。
- 未然防止とは、図2.1Cの領域の問題をお客様より早く発見し、対処することです。
- 未然防止は人(デザインレビューのレビューアーなど第三者)の発見力を使う手法です(問題を発見し価値を付加するのはレビューアーの責任)。
- 問題が発生する前に、その問題に気づくチャンスがあったのに、気づかなかった人は大勢います。その人たちに発見力を発揮してもらうことが未然防止です(振り返りでContinuous Improvementにつなげる)。
- 未然防止は、後工程引き取り、すなわち設計の情報を後工程に押しつけるのではなく、気がついていないCの部分の問題を後工程の人々も一緒に発見することにより、もっとよいものにして受け取る手法です。

- 発見力を向上するには、確実な振り返りが大切です(Continuous Improvement)。

創造的未然防止の詳細については、日科技連出版社から刊行した以下の拙著、『トヨタ式未然防止手法・GD³』(7)(2003年)、『想定外を想定する未然防止手法GD³』(8)(2011年)、『全員参画型マネジメントAPAT』(9)(2012年)、『発見力』(1)(2016年)をご参照ください。

創造的未然防止は、そのプロセスの最終ステップ、次のステップに行くプロセスのインターフェースで行う行動を定義したものといえるでしょう。この未然防止の考え方を問題解決の領域に広げたのが、本書の主要テーマであるFPAを中心に据えたGD³問題解決です。GD³問題解決は未然防止の次のステップに入ったところで起きた問題に対して、FPAを用いていかに事実に基づいて気づき(創造性)を活かして解決していき、再発を防止するかを示したものです。それは、問題が起きてしまってからの、レジリエンスエンジニアリングにつながっていきます。

6.6 レジリエンスエンジニアリング

新型コロナウイルスCOVID-19は、私たちにとって、まさに青天の霹靂でした。このような、予測できなかった(安全)問題が発生してからどのように回復するか、という研究領域がレジリエンスとかレジリエンスエンジニアリングと呼ばれ、注目されています。心理学の領域では以前から個人の回復力として研究が進められてきましたが、安全の領域では南デンマーク大学のエリック・ホルナゲル教授が中心になって、2004年ごろからレジリエンスエンジニアリングの展開が進められています。日本でも東北大学名誉教授の北村正晴氏(原子力工学)が中心になり、多くの書籍などで展開が進められています。

『組織事故とレジリエンス』(10)(日科技連出版社、2010年)の冒頭で、ヒューマンエラー解析の大家であるジェームズ・リーズン氏は以下のように述べています。

「本書の目的は、複雑かつ厳重に防御されたシステムの安全性とレジリエンス(regilience)の双方に対する人間の関わりについて、考えることである。この話題を扱う際には、人間を潜在的な危険性とする見方が支配的である。つまり大部分の大惨事は、人間の不安全行為によって引き起こされるという見方である。しかし、もう一つの見方がある。それは、研究があまり進んでいるとはいえないが、人間をヒーローとする見方である。すなわち、トラブルに見舞われた大惨事寸前のシステムを救うのは、人間の順応行動の高さと対処行動のすばらしさである。

潜在的な危険性が高いシステムにおける人間の不安全行動を30年以上研究してきたが、正直なところ、人間が間一髪の危険を救うという、驚異的リカバリーのほうがずっと興味深いことに気づかされた。」

この文章には、品質や安全を考える多くの人々が直面する苦悩が、非常に的確に示されています。今までの活動を否定するのではなく、それに加えてレジリエンスのような新しいものの見方を導入することが、品質にとっても安全にとっても喫緊の課題といってよいでしょう。

前述のリーズン氏の言葉にあるように、人間が間違いを犯すという見方だけではなく、「人間をヒーローとする見方から安全を考えよう」というのがレジリエンスの基本的な考え方のようです。レジリエンス界をリードしているホルナゲル氏は、Safety ⅠとSafety Ⅱという言葉を使って、これを説明しています[(11)]。Safety Ⅰは従来のヒューマンエラーなどのように、「失敗から学び、失敗が起きないようにする方法」であり、Safety Ⅱは「成功から学び、変動する運用の中で安全を維持する方法」です。また、「Safety Ⅰも大切だが、失敗が少なくなり、そこから学ぶことが難しくなっている今、遥かに多い成功からも学ぶべきだ」とも述べており、結論は両方大切だということです。

そして、「私たちは、常に失敗から学んで、そこから決められた通りの仕事をやって成功しているのではなく、状況に応じた調整で安全を確保(成功)している」と言っています。つまり、奇跡的大成功をリードしたヒーローから学ぼう、と言っているだけではなく、日常的に行われている人々の成功するための調整にも目を向けてそこから学ぼう、ということなのです。しかし、ホルナゲル氏は著書『Safety Ⅰ & Safety Ⅱ』[11]の中でなぜSafety Ⅰだけではいけないのか、なぜSafety Ⅱが必要なのかを説明していますが、どうやってSafety Ⅱを実現するのかは、十分説明しているとはいえません。まだ発展途上なのでしょう。

以下では、未然防止との共通の領域・視点で見ることによって、Safety Ⅱをどのように考え、実現したらよいかを考えてみましょう。

6.7 Safety ⅠとSafety Ⅱ

ここで、ホルナゲル氏が定義したSafety ⅠとSafety Ⅱについて考えてみましょう。著書『Safety Ⅰ & Safety Ⅱ』[11]の中で、ホルナゲル氏はSafety ⅠとSafety Ⅱを次のように定義しています。Safety Ⅰは、「うまくいかない事象(事故、不具合、ニアミスなど)の数ができるだけ少ない状態」と定義されています。プロセスやシステムには2つの異なる作動状態があり、1つはすべてがうまくいく場合、もう1つは何かがうまくいかない場合です。つまりSafety Ⅰとは、何かがうまくいかなかったとき、エラーを発見しそれを取り除こうとすること、あるいは通常状態から異常状態に移行を阻止することと説明されています。

一方、Safety Ⅱは以下のように説明されています。「人や機械のパフォーマンスは常に変動しているので、エラーを発見し、リアクティブ(問題が起きた時に対応する)にそれを取り除こうとしたのでは対応できません。Safety Ⅱはうまくいく状態(成功)を目指してプロアクティブに調整する行為」で、WAI(Work as Imagined：実行が期待された仕事、決められた仕事)とWAD(Work as Done：実行された仕事)という言葉を使って、それを説明しています。

Safety Ⅰの基本的な考え方は、物事がうまくいくには、WADとWAIが一致することが求められ、WADとWAIの差がヒューマンエラーだとされています。一方Safety Ⅱでは、「WADとWAIの差は安全確保のための、プロアクティブな調整で補うもの」と捉えています。つまり、WAIで決められた仕事だけでなく、それ以外に調整する能力はWADに不可欠であると述べています。

さらに、「Safety Ⅰが、物事ができるだけ悪い方向に進まないように前もって決めておく状態とするならば、Safety Ⅱは物事ができるだけうまく行く状態、あるいはできるならばすべてがうまく行く状態にすること」という説明になります。つまり、WAD = WAIで決められたとおりのことを行っている状態ではなく、WADで人が常にうまく行くように調整している(必ずしもWAIではない)状態を考えればよいと思います。そのためには「システムが動くには作業条件に合致するように行動を調整できなければならないし、設計上の不具合や機能故障を確認し克服できるようになるためには、人が実際の要求を認識し、それに応じてパフォーマンスを調整したり、手順を解釈して状況に合うように適用したりすることができなければなりません。そのような人は何かうまくいかなかったとき、あるいはうまくいかなくなりそうなとき、それを検出、修正することもできるため、状況が重大になる前に介入することができるのです。」と述べています。

つまり、問題発生までのプロセスを考えると、将来問題を起こさないために正しい仕事を正しく行うこと、すなわちSafety ⅠではWAD=WAIが必要で、その元は失敗から学ぶことになるという考えです。一方、問題が起きてしまってからのプロセスを復興と考えると、問題を起こしてしまったこととは別に、早くよい状態を取り戻すことが大切になるので、よい状態に(成功)することを意識する必要があり、WAIとは異なる調整が必要で、それがSafety Ⅱだといっているのでしょう。

平たくいうと、「私たちは決められたことを正しく実行する(Safety Ⅰ)ことはもちろん大切だが、さらに、もっとよくするために状況を観察して、調整する能力も必要(Safety Ⅱ)だ」ということになります。そして「もっとよくする能力は、もっとよくした結果、すなわち成功から学ばなければならない」ということになります。それがレジリエンスエンジニアリングだということになります。

ここまでの説明で、読者の皆さんは、Safety Ⅱは本書で述べている創造的未然防止、つまり、与えられた目標に向かって決められたことを正しく行う(WAD = WAI)従来の品質管理に対して、お客様の期待を満たすように(成功に向かって)問題を発見し、価値を付加する(WAIを超えた調整をする)創造的未然防止そのものであることに気づかれるでしょう(**図6.9**)。そして、私たちは問題が起きてからだけではなく、未然防止の段階で「お客様の期待」に向けた未然防止が必要だとし、さらに、問題が起きてからの問題解決でも失敗の原因を考えるだけでなく、起きている事実(失敗も成功もある)を見て(FPA)、それに対処します(**図6.10**)。その方向は「お客様の期待を満たす」(成功)ことであると示したのです。

6.8 レジリエンスエンジニアリングの対象

「レジリエンスエンジニアリングの対象は(安全)問題が起きてからの、復興

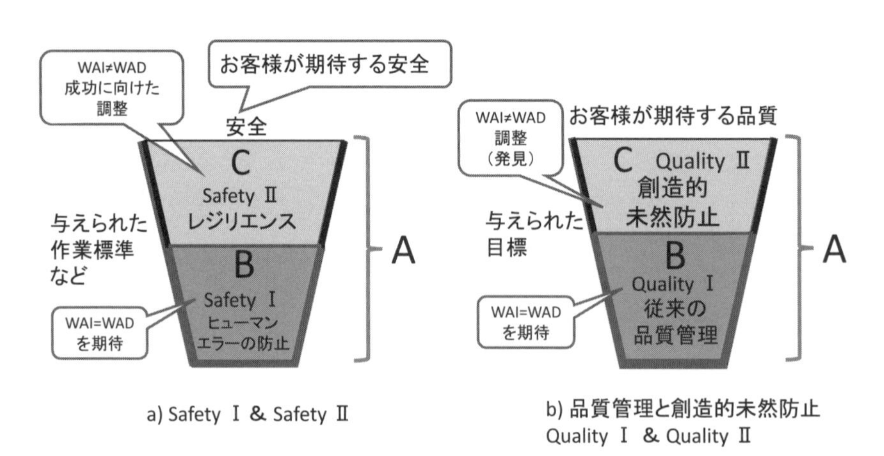

図6.9　Safety Ⅰ、Ⅱをカップモデルで表すと

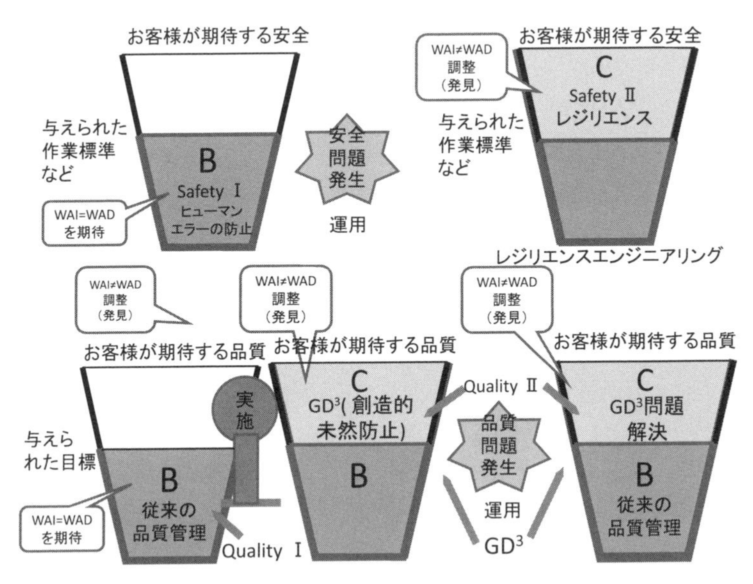

図 6.10 レジリエンスエンジニアリングと GD³の関係

のプロセスを扱っている」といわれていますが、学界の議論の中ではもう少し広く考えている人たちもいるようです。前述の『レジリエンスエンジニアリング』[12]の中で、ウェストラム氏が「レジリエンスの状況の類型化」と題して、レジリエンスエンジニアリングについて以下のように説明しています[12]。

a) 何か悪いことが起きることを事前に防ぐ能力である

b) 悪いことがさらに悪くなることを防ぐ能力である

c) 悪いことが起こってしまったとき、そこから回復する能力である

これまでの説明では、c)だけがレジリエンスエンジニアリングの対象だと思った方も多いと思いますが、a)とb)もレジリエンスの一環だということです。

ただ、漠然と未然防止というと、「広義の未然防止」のようにSafety 1も含むことになり、Safety Ⅱとの違いがはっきりしません。a)を含めることに踏み切れないのはそこにあるのではないかと思います。そこで、筆者の提唱する創造的未然防止をここに当てはめると、Safety 1とⅡの違いが明確になると

思います。つまり、成功のための調整とは、「お客さまの安全を確保するために気づいていない問題を発見し、価値に変換することということ」になります。つまり、調整とは人間の気づきを使った創造的行為ということになります。

このように考えると、b)とc)は本書のGD^{3}問題解決に相当するといえるのではないでしょうか。つまり、「成功に学ぶ」というのは、「お客様の期待を満たす」という成功に向けての行動で“事実”に学ぶことであり、FPAはそのための手法といえるでしょう。

「失敗に学ぶSafety Ⅰは大切であるが、その機会が少なくなっているので、Safety Ⅱでは成功に学ぶ」とホルナゲル氏が言っているように、どちらも大切なのです。成功も失敗も結果であって、その背景には事実があるわけです。その「事実」から学ぶことを忘れて、「成功」か「失敗」かに固執するのは人間の性かもしれませんが、それを乗り越えることによって、今でもたくさんのことを学ぶことができるのではないかと思います。それがFPAの意味であり、必要性なのです。

図6.11は、ホルナゲル氏が「安全の3つの時代」(11)として、示したものに、吹き出しを筆者が加筆したものです。安全の世界も品質の世界もお互いに補完しながら、同時に進化してきたといえます。

技術の時代は、その失敗も多くあり、そこから学ぶことは、当たり前のこととして、私たちに受け入れられてきました。失敗の分析をしてみると、そこに人の要因があることに気づき、ヒューマンエラーの解析が進みました。前出のリーズン氏は、かの有名なスイスチーズモデルを開発した人です。しかし、人の要因を分析し、技術の時代と同様にその原因を明確しようとすると、誰が原因(誰の責任)かを追及することにつながり、誰もそれを認めたがらないということが起こり、一見、失敗から学ぶことが少なくなったように見えました。

そこで、問題は失敗した人個人の問題ではなく「マネジメントの問題」だと考え、ISO 9000のような、マネジメントの時代に入りました。これも大切な改革だったわけですが、一方では、正しくマネージしていることを示そうとして、多くの帳票が必要になり、それを埋めることが優先されるようになってし

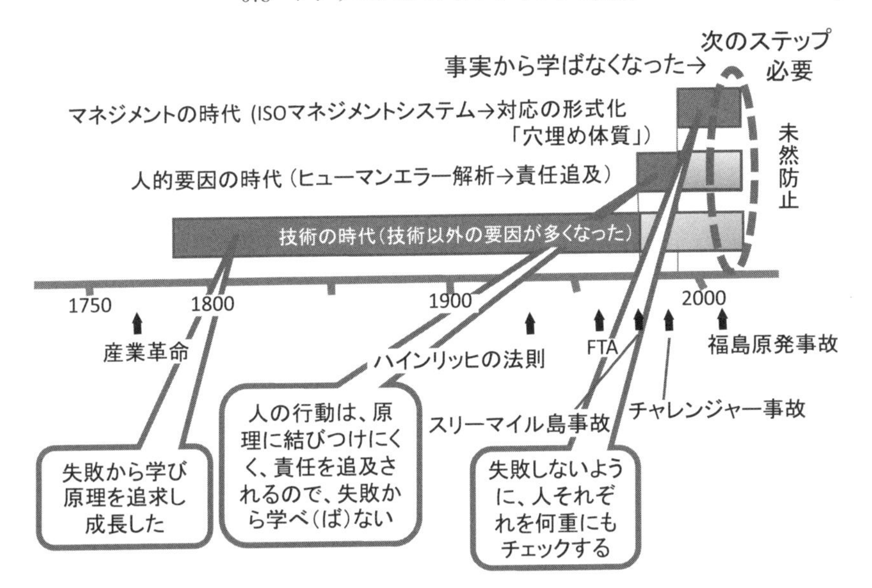

出典）エリック・ホルナゲル著、北村正晴、小松原明哲監訳：『Safety Ⅰ & Safety Ⅱ』、海文堂出版、2015年の図を基に作成・加筆

図 6.11　安全/品質対応の進化

まいました。これを筆者は「穴埋め体質の蔓延」と呼んでいます。すなわち、穴埋め問題であれば全体がわからない、詳細を知らないことでも答えられてしまうことを表しています。私たちが学校のテストで学んだ経験が発揮されているわけです。マネジメントは、起きている事実より曖昧な概念ですので、ますます、具体的失敗から学ぶということから離れていきます。そのような状況で、一見「失敗から学ぶ」ことが少なくなってしまったように見えるのが現状ではないでしょうか。

この状況下で「成功から学ぶ」へと舵を切ることは、大きなブレークスルーといえるでしょう。しかし、ホルナゲル氏も言っているように、「成功から学ぶ Safety Ⅱだけでなく、失敗から学ぶ Safety Ⅰも大切」なのです。筆者はこの状態を、「成功から学ぶのか、失敗から学ぶのかの二者択一ではなく、両者の背景にある事実から学ぶ」のが大切だと考えています。事実から学ぶ習慣ができれば、数少ない失敗でも、たくさんのその背景にある事実から学ぶことができます。しかも、一人の責任(原因)を追及するのではなく、多くの人が関わっている問題発生に至るプロセスで、それに気づかなかった人々も含めて、事実をベースにもっとよくすることを考えれば、たくさんの学びを発見することができるでしょう。それがFPAの意味なのです。

6.9 創造的未然防止とレジリエンスエンジニアリング

6.8節で、Safety IIは図6.9のCを考えているという意味で創造的未然防止と共通の概念、と述べました。そして、創造的未然防止を、企業体の中で未然防止をはかるというだけでなく、製品の運用段階も含めて未然防止を図ると考えるとレジリエンスエンジニアリングそのものになるでしょう。それは、GD^3を問題解決に展開して、お客様の安全を確保するということになります。このように、レジリエンスエンジニアリングと創造的未然防止は、連続的な一連の領域として理解できます。

例えば、本書で(創造的)未然防止は、「お客様より先に問題を発見しそれに対処すること」として、GD^3問題解決の第0段階と位置づけ、未然防止を問題解決につなげました。つまり、6.8節のb)の能力が対象とする領域にGD^3問題解決の手法がつながったわけです。その基本がFPAです。

6.8節で述べた、c)の悪いことが起こってしまったときそこから回復する能力が対象とする領域は、東日本大震災後の状況をイメージするとよいかもしれません。そこでは、次の震災への対応のような再発防止も必要になりますが、それ以上に、いかに復興するかという、防災とは別のプロアクティブな行動が必要になるでしょう。これは復興という成功に向けた活動で、問題解決を「問題の原因を解消し対策する」と考えてしまうと、この復興の概念は出てこないかもしれません。このc)の能力の領域をお客様の期待(復興)を満たすためのプロアクティブな活動と考えると、そこにGD^3問題解決を展開することができるのではないかと思います。ここでは、原因に絞り込むのではなく、事象の連鎖を掴むことを徹底的に行うFPAが鍵になるのではないかと思います。

このように、筆者がGD^{3}という言葉で一連の行為として仕事の中心に置いてきたことは、まさにレジリエンスエンジニアリングだったということもいえます。一方、前述のように私たちは品質の問題を会社や組織で対応すべき問題と考えてきたところがあります。そのために会社の枠を超えて、「常にお客様を考える」ということが自然にできるようになる必要があります。これまで、私たちは会社の中で、逆にお客様との間に線を引いていたのかもしれません。もっと自然にお客様の世界に出ていくことが必要なのでしょう。

レジリエンスエンジニアリングの世界は、「お客様と同じフィールドで問題を解決し、ともに成功に到達するのがねらい」と理解できます。品質もQuality IIの領域に進出することによりレジリエンスエンジニアリングと共通の視点をもって、新しい品質の世界、あるいは新しいレジリエンスエンジニアリングの姿が見えてくるのではないかと思います。

付録　裁判の場でも「結論(判決)ありき？」

(1)　経緯と概要

先日、筆者は、ある訴訟の原告側の鑑定人を務めました。ある団地の管理組合が、企業A社を訴えた裁判です。

A社の親会社Bは、団地の人々にとって重要なある装置を提供しています。A社はその装置を100基以上この団地に設置しました。その装置にはチェーンと、それを支えるベアリングがあります。

問題は「この装置のベアリングが頻繁に故障しチェーンが突然停止する」ということで、「その修理費用が甚大であることと、将来の危険性を危惧した」とう訴えです。当然、事前に原告・被告お互いに議論をしていましたが、そこで解決できず訴訟に至ったということでした。

(2)　原告側鑑定人として裁判に参加

筆者はこの訴訟の途中から参加したもので、元々は裁判官から技術的なことを理解できないという意見があり、原告、被告双方が鑑定人を探していたのですが、筆者を推薦した原告に対して、被告側が「この装置の技術者ではない」ということで拒否したので、裁判所が選任する鑑定人には採用されず、原告側の私的鑑定人として鑑定を行い、また、原告側の証人として、協力することになったという経緯です。

(3)　裁判以前の被告A社の原告への説明と論点

訴訟以前の話し合いの場で、被告と論点U社は、

① A社は、この装置のベアリングが設計的にいかに妥当なものであるかを、会議の場で報告書をもとに説明していました(チェーンの負荷に対す

る安全率は、ベアリングメーカー推奨の0.5を満たしている)。

② この報告書にはA社設計部某のサインがありました。

③ A社は、この装置は公的な大臣認証を得ているものだと、認定書のコピーを示して説明していました(後に判明したところでは、この団地にこのシステムを採用するに当たって、この団地を開発した地方公共団体は大臣認証を要件にしていたようです)。

主にこの3点を引き継いで訴訟の議論が進められていました。

(4) 裁判の場でのA社の主張と筆者の役割、説明

被告A社は、①について、そもそもベアリングは寿命のばらつきが大きい消耗部品で、保証期間内で破損したものは無償で交換しているので問題ないと主張し、ベアリングの寿命のばらつきが大きいという説明のためにベアリング設計の解説書の一部を提出していました。

筆者の役割は、①のベアリングの設計が正しいかどうかを鑑定することでした。その結果は以下です。

①のベアリングは、チェーンの力を2個のベアリングで支えています。A社の上記報告書では、2個のベアリングが1：1で力を支えていると計算していますが。チェーンの力の付加点とベアリングの位置がずれているので、簡単な材料力学の計算で力は1.5：0.5の分担になっており、ベアリングの強度(静定格荷重や必要な係数)に対して、負荷が大きく、ベアリングインナーレースの変形などにより早期にベアリングが破壊する原因になっていました。それは、実際の破壊結果ともよく一致しています。

筆者は調査の結果このように結論づけ、設計上の瑕疵であることを工学知識のない裁判官でも理解できるように丁寧に説明したつもりでした。

(5) 被告側の対応

これに対して、(3)の3つの論点について、被告側の対応は以下のとおりです。

①について、被告側は一切コメントしませんでした。

②については、実はA社および親会社(販売元)B社はこの装置を設計しておらず、さらにA社はそれを設置しただけで責任もないと言い始めました。そして、元々の設計をしていたC社とB社の間で交わされた覚書をその証拠としてを提出しました。

この覚書には、覚書を交わした当時「設計責任はC社にあること」と、「製造物責任：甲(B社)は、本製品の欠陥により第三者の生命、身体、または財産に損害が生じ、または損害の発生を防止するために必要な措置を講じた場合、そのために甲が被った損害及び費用の賠償を保障期間終了後と言えども乙(C社)に請求できるものとし、その賠償額は…」と書かれていました。これを、B社(A社)には設計に関する責任がないという証拠と言いますが、原告側は、ここで第三者と言っているのが原告で、それの損害をB社(A社)が補償し、その上でC社に請求できるということを示しているのだと反論します。

③については、上記の②のやり取りの中で、C社の支援を受けて、B社が大臣認証を受けた当時のこのシステムはチェーン強度が1ランク上のチェーンで申請されており、その後認証を訂正することなく、1ランク下のシステムに変更されていたことがわかりました。しかも、1ランク下のシステムでは認証基準を満たさないこともわかりました。そこで、この辺の経緯を示す大臣認証申請書類の提出を原告側は求めたのですが、被告側は「上記のように設計責任はB社にはなく、申請書はC社の作成した書類を提出しただけだ」ということで拒否の姿勢を取りました。裁判長も最後まで「その必要はない」と被告側を支持しました。

(6)　裁判官の判断(判決理由)

さて、読者の皆さんはこの裁判の判決はどのようになったと思いますか。判決は、原告側の一方的敗訴でした。

判決理由を(3)の3つの論点に沿って整理すると、以下となります。

①　設計の瑕疵については、被告が提出した解説書の中に『基本静的定格荷重は、これ以上の荷重では絶対に使えないというものではなく、性能の低

下を覚悟し、また早期の疲れ破損を生じるほどの回転速度を持っていなければ、それ以上荷重を加えても使うことが可能で』と書かれているように、基本的定格荷重を超えているから設計に問題があるとはいえない(被告がこのことを主張しているわけではない。原告の説明に対して被告は何も反論していなかった)。定期的に点検を行っているので問題はない」と結論づけました。

実は上記『　』内の解説は、一連の文章の前半部分だけを抜き取ったもので、文章は『また、逆に軸受の摩擦トルクや振動が厳しく制限されるような用途では、基本静定格荷重よりかなり低い荷重で使われなければなりません』と続いています。つまり、用途を考えて設計をすべきだという一般論の文章の中の一部だけを抜き取ったものです。設計の細部について指摘した原告の説明に対して、一般論を理由に、「原告の指摘では、設計に瑕疵があったとはいえない」とし「定期点検を行っているのだから問題はない」と結論づけたのです。

② 覚書で設計責任はC社にあると書かれているように、A社(B社)はシステムを買ってきて販売・設置しただけなので、A社(B社)には設計上の責任はない、とのことでした。

③ 大臣認証については、この認証は公共の施設に対して適用されるもので、一般の使用(団地の設備として設置したもの)には適用されない、とのことでした。

以上の3点から「損害の有無に関わらず、原告の訴えは退けられる」という判決でした。

この判決を聞いて「これでは、『結論ありき』の問題解決と同じではないか？」と、腹立たしい、を通り越して、ある意味呆れました。「裁判官よ、お前もか」というところです。

確かに、この訴訟は、人が死んだとか、甚大な人的被害があったというものではなく、その可能性と、不具合の頻発による損害、および公表された内容と違うシステムが設置されたことによる損害を訴えたものです。この裁判官の判断は、その状況(大した問題ではない)から結論(判決)を決めて、後はそれに沿ったことだけを並べただけのようです。この結論からすれば、大きな人的被害があっても、結論は変わらないはずですが、そうなるでしょうか？　まるで、本書の事例１と同じです。裁判官は、一応最初に双方の言い分を並べてはいますが、事例１のFTAのようなもので、「皆書きましたよ」と言っているだけに聞こえます。あとは判決に合う「これが結論だ」ということだけ示して判決につなげているのです。もし、大きな人的被害があった問題なら、別のところに焦点を当てて、結論も変えるのでしょう。

当然、原告側は、判決の問題点を指摘して高等裁判所に控訴しました。しかし、特別な尋問もなく門前払いでした。まるで事例１の報告者の上司が、吟味もせずに報告書を通しているように……。

(7)　筆者の見解(カップのモデルを通して)

３つの論点に対応させると、以下のようなことが挙げられます。

①　裁判官は(法律に規定されていない)技術のことはわからないし、理解する気もない。こじつけてでも判決に沿った内容のことを見つけて結論づける。

②　覚書などの契約については、その文面の背景など考えようとせず、文面にある言葉の中で、自分の下す結論に都合のよい言葉を拾って、判決につなげる。

③　法律については得意なところなので、被告が問題にしていない条文でも、条文が適用できるかどうかを詳細に吟味するが、その背景など当然考えない。まるで「鑑定書付きでダイヤモンドを買ったらガラスだった。実はその鑑定書は一般顧客向けのものではなかった」。このようなとき、裁判では「適用されない鑑定書を信用したのが悪いので、それを商売の道具に使った販売人には罪はない」とうことでしょうか？　世の中ではそれを別の言い方をすると思うのですが……。

裁判官と一般人の思考が違う(ギャップがある)ことで、思い当たったのが付

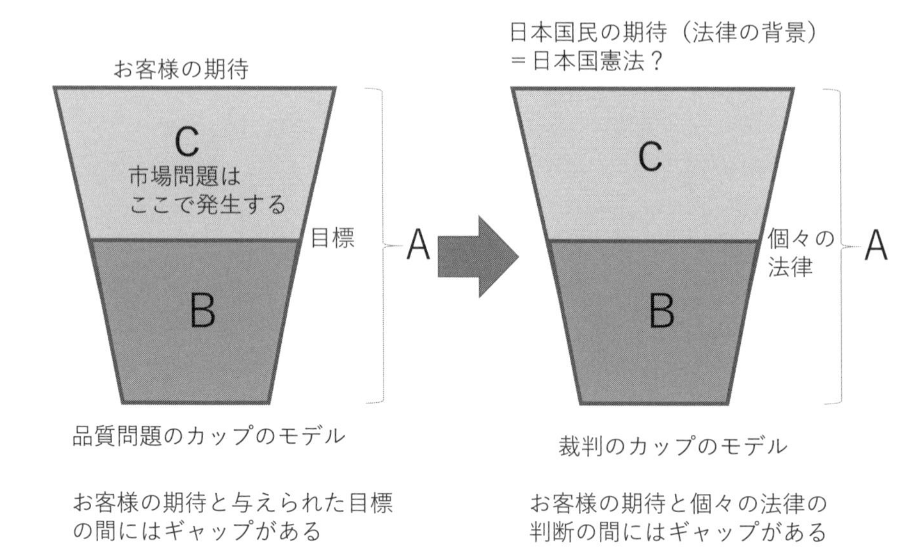

付図　裁判のカップのモデル

図です。これを裁判に置き直すとＢの部分が「個々の法律」です。当然、私たちはここそしっかり判断してほしいと思いますが、それだけでは、私たちは上記のような不満をもつのです。そこにはお客さまの期待と個々の法律(の条文)の間にはギャップがあるからなのではないでしょうか(同図Ｃ)。まるでＭ型の会社が、要求仕様に書いていないことは要求仕様に書かなかった客先が悪いのだといっているように、法律に不備があるのは、法律を作る側の責任だといっているようなものです。法律が制定された背景を理解して判決を下すのが裁判官の仕事ではないかと思います。その「個々の法律の背景」が「お客さまの期待」に相当するかと思います。こう考えると裁判官が考えるべきことが、たくさんあったのではないかと思います。この裁判で、筆者たちを冷たい目で高いところから、見下ろしていた裁判官の脳裏を「日本国民の期待」という言葉がよぎっていたでしょうか。

結びと感謝

皆さんが事例１で示したようなこれまでの問題解決をしている場に、AI 君が一人いたとしましょう。いろいろ質問をすると、AI 君は確からしい答えを即座に出してくれるでしょう。「この問題の原因は何なの？」→「これが原因である確率は○○％です」と、FTA を一瞬で書けるのです。「対策はどうすればいいの？」→「この対策の効果は○○％です」。こんなやり取りで、アッという間に問題解決終了です。

しかし、出てくる答えは今みなさんがやっている問題解決と一緒です。それは、AI 君を教える教師データは今みなさんがやっている問題解決だからです。AI 君がチームに入り込むと、答えがすぐ出てきますから一見効率的になって、皆さんは不要になるでしょう。皆さんが事例１のような問題解決をやっているということは、AI 君を招聘し、皆さんが退出するための環境を作っているようなものです。

医療の世界で「医師は AI で生き残れなくなる」という話はよく聞きます。筆者が最近経験した、コロナ禍で直接会って対応できない医師とのやり取りで、それを強く感じました。その医師は自分の判断や主張を電話で一方的に述べるだけで、相手の心配に寄り添おうとしないのです。まるで、AI 君の話を聞いているようでした。それに引き換え担当の看護師の皆さんは、本当に頭が下がるような対応をしてくれました。まさにその医師は図 2.1 のカップの B の部分しか考えようとせず、担当の看護師はカップの C の部分を考えて対応してくれました。C の部分に対応しているといっても、ルールを破って特別な対応をしているわけではありません。AI で医師が生き残れず、看護師が生き残れるといわれる理由がよくわかりました。

付録で紹介した裁判の事例でも、「裁判官も結論ありきではないか」と思われる経験をしましたが、ここでは、むしろAI君の判断を聞いたほうがもっと合理的な判断をしてもらえたのではないかと感じる内容でした。つまり、AI君より自分のほうが早く正しい判断ができると思っていて、カップのCの部分があることにすら気づいていない人達ですが、件の医師と同様に突然にAI君に蹴飛ばされる人たちなのだろうと思われます。

港湾関係の設計者の集まりで、筆者が未然防止の話を紹介したとき、そこにいたこの領域の権威である京都在住の先生が、「これ(カップのCの部分を考えるということ)は『おもてなし』ということだ」とポツッと言われたのを今でも覚えています。京都の人の「おもてなし」という言葉の意味と、私たちが考える「おもてなし」という意味は、かなり違うのではないかとも思いますので、次のステップで勉強したい領域ではあります。

今まで何となく共通点を考え、

お：お客様のために

も：「もっと他にないか」を考え

て：徹底的に比較観察し

な：納得ゆくまで議論し

し：視点を変えて問題を発見する。

こんな語呂合わせをしていましたが。本物のおもてなしを知りたいものです。

本書は、多くの方々の助言をいただき出版まで漕ぎ着けることができました。特に古河電気工業株式会社と関連企業の皆様には、研修を通して、いろいろな工夫や助言をいただきました。この場を借りて感謝申し上げたいと思います。さらに、公私にわたりご指導、ご助言いただいた方は多数おられ、本来であれば一人ひとりお名前をここに示して感謝を申し上げなければならないのですが、あまりにも大勢なので書ききれず、失礼いたします。

日科技連出版社の石田新係長には、本書の構成から、細部の表現に至るまで、ご指導いただき、ここに漕ぎ着けることができました。感謝申し上げます。

引用・参考文献

(1)　吉村達彦：『発見力』、日科技連出版社、2016年

(2)　久米是志『「ひらめき」の設計図』、小学館、2006年

(3)　ジム・M・モーガン、ジェフリー・K・ライカー著、稲垣公夫訳：『すごい製品開発』、日経BP、2020年

(4)　高橋誠編著：『新編　創造力事典』、日科技連出版社、2002年

(5)　野田浩幸、小松原明哲：「FRAM分析を用いた機能共鳴型事故の対策導出手順の提案」、『人間工学』、51巻特別号、2015年

(6)　J.コリンズ著、山岡洋一訳：『ビジョナリーカンパニー②　飛躍の法則』、日経BP、2001年

(7)　吉村達彦：『トヨタ式未然防止手法・GD^3』、日科技連出版社、2002年

(8)　吉村達彦；『想定外を想定する未然防止手法 GD^3』、日科技連出版社、2011年

(9)　吉村達彦：『全員参画型マネジメント APAT』、日科技連出版社、2012年

(10)　ジェームズ・リーズン著、佐宗邦英監訳、㈶電力中央研究所 ヒューマンファクター研究センター訳：『組織事故とレジリエンス』、日科技連出版社、2008年

(11)　エリック・ホルナゲル著、北村正晴、小松原明哲監訳：『Safety Ⅰ & Safety Ⅱ』、海文堂出版、2015年

(12)　E.ホルナゲル、D.ウッズ、N.レベソン著、北村正晴監訳：『レジリエンスエンジニアリング』、日科技連出版社、2012年

索　引

◆著者紹介

吉村　達彦(よしむら　たつひこ)

1942年　生まれ
1968年　トヨタ自動車株式会社入社(第2技術部)
1988年　工学博士(東北大学)
　　　　シャシー技術部部長、信頼性・強度シニアスタッフエンジニアなどを歴任
2000年　九州大学大学院工学研究院教授(個体力学講座)、兼　経済学研究院 MBA 教授(製品開発のマネジメント)
2003年　ゼネラルモーターース　エグゼクティブダイレクター(信頼性・耐久性戦略担当)
2007年　GD^3コンサルティング代表

【表彰】
自動車技術会賞受賞、機械学会技術貢献賞受賞、日経品質管理文献賞受賞

【著書】
『トヨタ式未然防止手法・GD^3』(日科技連出版社、2002年)
『想定外を想定する未然防止手法 GD^3』(日科技連出版社、2011年)
『全員参画型マネジメント APAT』(日科技連出版社、2012年)
『発見力』(日科技連出版社、2016年)

問題解決は発見の連続
FPA で身につける AI に負けない発見力

2023 年 4 月 28 日　第 1 刷発行

著　者　吉　村　達　彦
発行人　戸　羽　節　文

検　印
省　略

発行所　株式会社　日科技連出版社
〒151-0051　東京都渋谷区千駄ヶ谷5-15-5
DS ビル
電話　出版　03-5379-1244
　　　営業　03-5379-1238

Printed in Japan　　印刷・製本　港北メディアサービス

URL https://www.juse-p.co.jp/
ISBN 978-4-8171-9776-4